全国中等职业学校机械类专业通用

全国技工院校机械类专业通用（中级技能层级）

电工学（第六版）习题册

中国劳动社会保障出版社

简介

本习题册是全国中等职业学校机械类专业通用教材《电工学（第六版）》的配套用书。本习题册紧扣教学要求，按照教材章节顺序编排，知识点分布均衡，题型丰富多样，难易配置适当，有助于学生复习巩固所学知识。

本习题册由何薇主编，刁红艳、鲁劲柏、孙娟、秦珊珊、张杨钖参加编写。

图书在版编目(CIP)数据

电工学（第六版）习题册/何薇主编. --北京：中国劳动社会保障出版社，2018
全国中等职业学校机械类专业通用　全国技工院校机械类专业通用. 中级技能层级
ISBN 978-7-5167-3542-8

Ⅰ. ①电…　Ⅱ. ①何…　Ⅲ. ①电工-中等专业学校-习题集　Ⅳ. ①TM-44

中国版本图书馆 CIP 数据核字（2018）第 159728 号

中国劳动社会保障出版社出版发行

（北京市惠新东街 1 号　邮政编码：100029）

*

北京市鑫霸印务有限公司印刷装订　新华书店经销

787 毫米×1092 毫米　16 开本　7 印张　165 千字

2018 年 7 月第 1 版　2025 年 5 月第 10 次印刷

定价：12.50 元

营销中心电话：400-606-6496

出版社网址：http://www.class.com.cn

http://jg.class.com.cn

目 录

准备知识　认识电工实训

一、填空题

1. 在__________带领下，走进电工实训室，了解____________的分布，__________配置情况，____________、____________、____________的位置，认识____________等。

2. 连接电路时，应先接________，后接________；拆解电路时，应先断________，后断________。

3. 接好电路后，先认真________，再由老师________，确认无误后，方可送电。未经老师________和________，切不可擅自合闸送电。

4. 实训结束后，要____________，由老师恢复好设备原有功能状态后，__________和________，____________和________，及时完成____________。

5. 钢丝钳的齿口主要用来____________________，刃口用来____________________，铡口用来____________________。

6. 电工用螺钉旋具必须有____________，以保证使用安全。

7. 钳断小直径导线以及钳夹一些小部件，可以使用__________。

8. 用电工刀剖削导线时，刀口应向____________。

9. 测电笔又称__________，常用于检查____________和电气设备是否带电。

10. 测电笔的结构类型主要有__________式、__________式和______式。

11. 电流对人体的伤害分为__________和__________两类。

12. 通过人体的工频交流电流达到________会使人感到麻痹或剧痛，难以摆脱电源，达到________以上且持续时间超过 1 s，就可能危及人的生命安全。

13. 工业生产现场常见的电流有__________和__________。__________又分为高频和工频。______的工频交流电流对人体的伤害更大。

14. 触电通常有____________、____________和____________三种可能情况。

15. ________________________________称为电伤，____________________________称为电击。

16. 通常规定__________________及__________________为安全电压。

17. 当电流通过人体的路径为______________________________时最危险。

二、选择题

1. 发现有人触电时，首先应（　　）。

A. 四处呼救

B. 用手将触电者从电源上拉开

C. 使触电者尽快脱离电源

D. 报告供电部门拉闸断电

2. 下列说法正确的是（ ）。

A. 只要人体不接触带电体，就不会触电

B. 一旦触电者心脏停止跳动，即表示已经死亡

C. 电视机的室外天线在打雷时有可能引入雷击

D. 只要有电流流过人体，就会发生触电事故

3. 电火警紧急处理的正确方法是（ ）。

A. 立即向消防队报警

B. 应先切断电源，然后救火，并及时报警

C. 立即用水灭火

D. 立即用就近的灭火器灭火

4. 常见的触电方式中，危害最大的是（ ）。

A. 两相触电　　B. 单相触电　　C. 接触触电　　D. 跨步触电

5. 为保证机床操作者的安全，机床照明灯的电压为（ ）。

A. 380 V　　B. 220 V　　C. 110 V　　D. 36 V 以下

6. 人体触电伤害的首要因素是（ ）。

A. 电压　　B. 电流　　C. 电功　　D. 电阻

三、判断题

1. 实训中，电路接好后，即使经过认真自查确认无误，也需经教师复查后才可合闸送电。（ ）

2. 在实训台上，送电和断电都必须严格按照“先总低压断路器，再分组开关，最后实训电路控制开关”的顺序进行。（ ）

3. 剥线钳可用于剥削任何直径的绝缘层。（ ）

4. 电工刀不能带电作业。（ ）

5. 拧螺钉时，测电笔可临时代替一字旋具，但要注意不可用力过猛。（ ）

6. 触电急救的要点是：首先要使触电者脱离电源，然后根据触电者的具体情况，迅速对症救护。（ ）

7. 发生人员触电事故，若一时找不到断开电源的开关，应迅速用绝缘完好的钢丝钳或断线钳剪断电线，以断开电源。（ ）

8. 触电者心脏停止跳动后，可停止急救措施。（ ）

9. 由于人工心肺复苏法需要胸外按压与人工呼吸交替进行，所以必须由两个人实施抢救。（ ）

10. 对于由导线绝缘损坏造成的触电，急救人员可用手将触电者拖拽开。（ ）

11. 在扑救电气火灾时，绝对不允许使用泡沫灭火器。（ ）

四、简答题

1. 简述测电笔的使用注意事项。

2. 触电者脱离低压电源的方式有哪些？应注意哪些事项？

3. 简述胸外按压法的操作要领。

4. 通过图书或者网络查找资料了解有关灭火器的知识，除了干粉灭火器，再列举一些常用的灭火器类型，并说明这些灭火器分别适用于哪些场合，如何使用。

第一章 直流电路

§1—1 电路及基本物理量

一、填空题

1. 电路一般由________、________、________和____________4个部分组成，有些电路中还装有__________。

2. 电路最基本的作用包括两个方面：一是__________________________________；二是______________________________。

3. 电路通常有________、________和________三种状态。

4. 电荷的________________形成电流，电流用符号____________表示，国际单位是________，常用单位还有____________和__________。

5. 电流方向习惯上规定以____________移动的方向为电流的方向，因此，电流的方向实际上与自由电子和负离子移动的方向__________。

6. 电场力将单位正电荷从 a 点移到 b 点所做的功称为____________，用________表示。电压的单位为________，简称______，用______表示。

7. 电路中任意两点之间的________就等于这两点之间的电压，即__________________，故电压又称__________。

8. 电路中某点的电位是指电路中__________与__________之间的电压；电位与参考点的选择______关，电压与参考点的选择______关。

9. 对于电源来说，既有电动势，又有端电压。电动势只存在于电源______部，其方向由________极指向________极；端电压只存在于电源的外部，只有当电源__________时，电源的端电压和电源的电动势才相等。

10. 电路中的电压大小可用________或________等仪表来进行测量。

11. 电流所做的功称为______，用字母______表示，单位为______。

12. 电流在单位时间内所做的功称为______，用字母______表示，单位为______。

13. 电流通过导体时使导体发热的现象称为电流的__________。

14. 电气设备安全工作时所允许的最大电流、最大电压和最大功率分别称为它们的________________________。

15. 电气设备在额定功率下的工作状态称为____________，也称________；低于额定功率的工作状态称为______；高于额定功率的工作状态称为__________。

二、选择题

1. 下列关于电流的说法正确的是（　　）。

A. 通过的电量越多，电流就越大

B. 通电时间越长，电流就越大

C. 通电时间越短，电流就越大

D. 通过一定电量时，所需时间越短，电流就越大

2. 图 1—1 所示为电流的波形图，其中（　　）为脉动直流电。

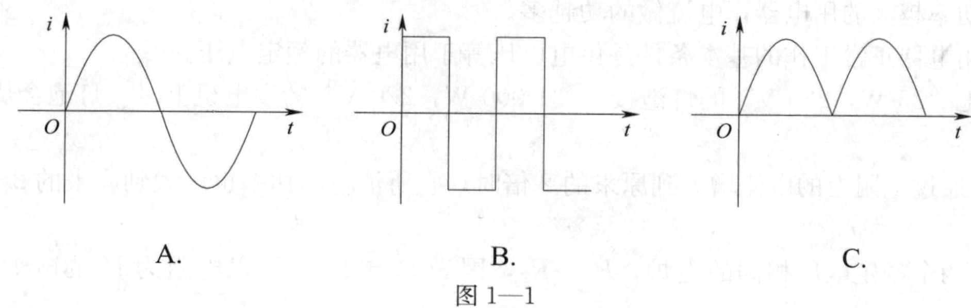

图 1—1

3. 通过一个导体的电流是 5 A，经过 4 min，通过导体横截面的电量是（　　）C。

A. 20　　B. 50　　C. 1 200　　D. 2 000

4. 电源电动势是衡量（　　）做功本领的物理量。

A. 电场力　　B. 外力　　C. 电源力

5. 电路中任意两点电位的差值称为（　　）。

A. 电动势　　B. 电压　　C. 电位

6. 电路中任意两点的电压高，则（　　）。

A. 这两点的电位都高

B. 这两点的电位差大

C. 这两点的电位都大于零

7. 在电路计算中与参考点有关的物理量是（　　）。

A. 电压　　B. 电位　　C. 电动势

8. “6 W，12 V”的灯泡，接入 6 V 电路中，通过灯丝的实际电流是（　　）A。

A. 1　　B. 0.5　　C. 0.25　　D. 0.125

9. 220 V 的照明用输电线，每根导线电阻 1 Ω，通过的电流为 10 A，则 10 min 内可产生（　　）J 的热量。

A. 1×10^4　　B. 6×10^4　　C. 6×10^3　　D. 1×10^3

10. 1 度电可供“40 W，220 V”的灯泡正常发光的时间是（　　）h。

A. 20　　B. 40　　C. 45　　D. 25

11. 若某电源开路电压为 120 V，短路电流为 2 A，则负载从该电源获得的最大功率是（　　）W。

A. 240　　B. 60　　C. 600

三、判断题

1. 金属导体中电子移动的方向就是电流的方向。（ ）
2. 导体两端有电压，导体中才会产生电流。（ ）
3. 电压是衡量电场力做功本领的物理量。（ ）
4. 电路中参考点改变，各点的电位也将改变。（ ）
5. 电源电动势的大小由电源本身性质所决定，与外电路无关。（ ）
6. 电源内部电子在外力作用下由负极移向正极。（ ）
7. 功率越大的用电器，电流做的功越多。（ ）
8. 用电器正常工作的基本条件是供电电压等于用电器的额定电压。（ ）
9. 把“25 W，220 V”的灯泡接在“1 000 W，220 V”的发电机上时，灯泡会烧坏。（ ）
10. 通过电阻上的电流增大到原来的 2 倍时，它所消耗的功率也增大到原来的 2 倍。（ ）
11. 两个额定电压相同的电炉，$R_1 > R_2$，因为 $P = I^2R$，所以电阻为 R_1 的电炉功率更大。（ ）
12. 度是电功率的一种单位。（ ）
13. 如果电源被短路，输出的电流最大，此时电源输出的功率也最大。（ ）

四、综合分析题

1. 已知 $U_{AB}=20$ V，$U_{BC}=12$ V，若以 A 为参考点，则 U_A、U_B 和 U_C 各为多少？

2. 在如图 1—2 所示电路中，

（1）若以 B 点为参考点，则 U_A、U_B、U_C、U_{AB}、U_{BC}、U_{AC} 各为多少？

（2）若以 C 点为参考点，则 U_A、U_B、U_C、U_{AB}、U_{BC}、U_{AC} 各为多少？

（3）试比较上述两小题的结果，可以得出什么结论？

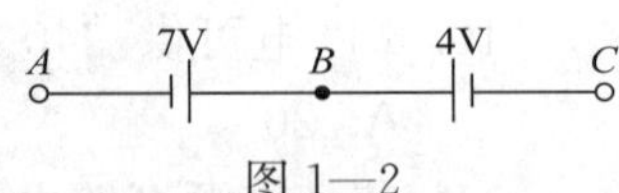

图 1—2

3. 一只灯泡接在 220 V 的电压上，通过灯泡的电流是 0.5 A，通电时间 1 h，它消耗了多少电能？折合多少度电？

4. 将一只“60 W，220 V”的灯泡接到 110 V 的电压上，它的实际功率是多少？能正常发光吗？

§1—2 电阻及其连接

一、填空题

1. 导体对电流的__________作用称为电阻，用符号__________表示，单位是________。比较大的单位还有__________、__________。

2. 在一定温度下，导体电阻与导体的________、________和________有关，可用公式表示为________。

3. 电阻率反映了物质的________能力，电阻率小、容易导电的物体称为________；电阻率大、不容易导电的物体称为________。

4. 一般来说，金属的电阻率随温度的升高而________；碳等纯净半导体和绝缘体的电阻率随温度的升高而________；而有些合金材料的电阻几乎不受温度变化的影响，常用来制作__________。

5. 电阻的色环颜色标注如图 1—3 所示，请填空。

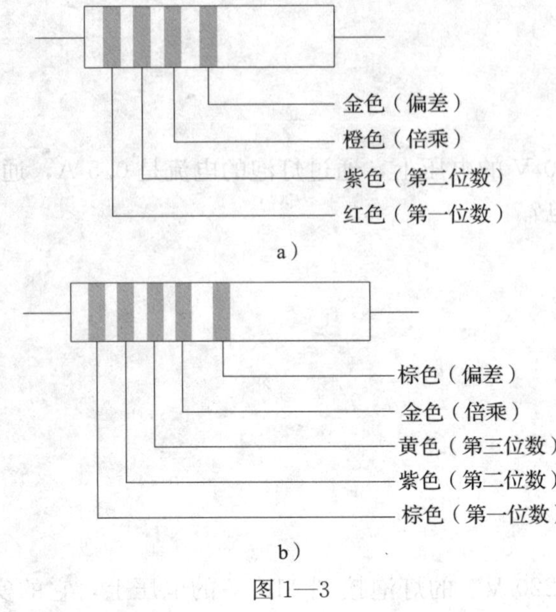

图 1—3

图 1—3a 电阻值为________________，图 1—3b 电阻值为_______________；
图 1—3a 允许偏差为_______________，图 1—3b 允许偏差为_____________。

6. 电阻值随温度升高而减小的热敏电阻称为__________（负/正）温度系数的热敏电阻，电阻值随温度升高而增大的热敏电阻称为_________（负/正）温度系数的热敏电阻。

7. 电阻串联可以获得阻值_________的电阻，还可以扩大_________表的量程；电阻并联可以获得阻值_________的电阻，还可以扩大_________表的量程。工作电压相同的负载几乎都是____联使用的。

8. 既有电阻串联又有电阻并联的电路称为___________。

二、选择题

1. 电阻大的导体，其电阻率（　　）。

A. 一定大　　B. 一定小　　C. 不一定大

2. 两根材料相同的导线，截面积之比为 2∶1，长度之比为 1∶2，那么，两根导线的电阻之比是（　　）。

A. 1∶1　　B. 4∶1　　C. 1∶4　　D. 1∶2

3. 关于万用表的使用方法，下列说法错误的是（　　）。

A. 在测量过程中，应根据被测量的大小拨动转换开关，为了便于观察，不应分断电源

B. 测量结束后，转换开关应拨到交流最大电压挡或空挡

C. 测量电阻时，每换一次量程，都应调一次零

4. 导体的电阻不但与导体的长度、横截面积有关，而且还与导体的（　　）有关。

A. 温度　　B. 湿度　　C. 距离　　D. 材质

三、判断题

1. 一般来说，电解液、半导体和绝缘体的电阻率随温度升高而升高。（　　）

2. 在电阻串联电路中，阻值越大的电阻分配到的电压越大。（　　）

3. 家庭中使用的电灯、电风扇、电视机、电冰箱、空调器、洗衣机等电器是以并联的形式连接在电路中的。（　　）

4. 电阻并联电路中流过每个电阻的电流都相等。（　　）

5. 电阻串联电路中各电阻两端的电压相等，且等于电路两端的电压。（　　）

6. 凡是额定工作电压相同的负载都采用并联的工作方式。（　　）

四、综合分析题

1. 有一段导线，电阻是 8 Ω，如果把它对折起来作为一条导线用，电阻值是多少？如果把它均匀拉伸，使它的长度变为原来的 2 倍，电阻值又是多少？

2. 图 1—4 所示的三个电阻是串联、并联还是混联？总电阻 R_{AB} 等于多少？

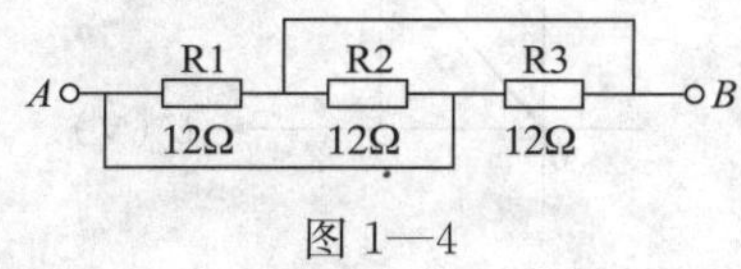

图 1—4

§1—3 全电路欧姆定律

一、填空题

1. ____________叫作内电路，____________叫作外电路。

2. 全电路欧姆定律的内容是：闭合电路中的电流与____________成正比，与____________成反比。

3. 全电路欧姆定律还可表述为：电源电动势等于________和________之和。

4. 通常把________随________变化的关系曲线称为电源的外特性曲线。

5. 当电源具有一定值的内阻时，在通路状态下，端电压________电动势；在断路状态下，端电压________电动势（填“大于”“等于”或“小于”）。

6. 有一个包括电源和外电路电阻的简单闭合电路，当外电阻加倍时，通过的电流减小为原来的2/3，则外电阻与电源内阻之比为________。

7. 图1—5所示为一电阻的伏安特性曲线，该电阻为________Ω；当它两端的电压为0时，其电阻为________Ω，流过的电流为________A。

8. 两个电阻的伏安特性曲线如图1—6所示，则 R_a 比 R_b ________（大、小），$R_a=$________，$R_b=$________。

9. 如图1—7所示，在 $U=0.5$ V处，R_1 ______ R_2（选>、=、<），其中R1是______性电阻，R2是______性电阻。

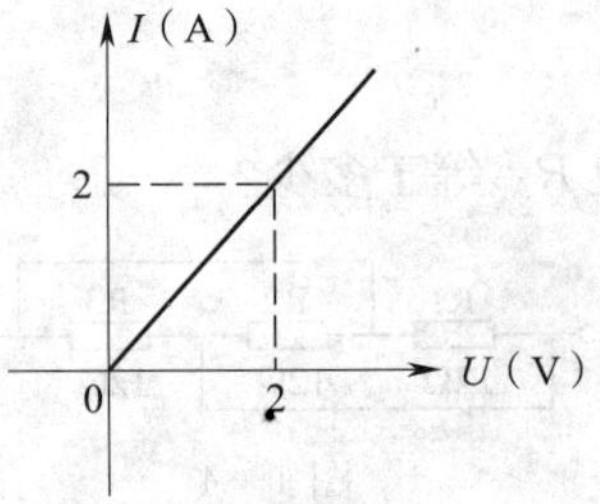

图1—5

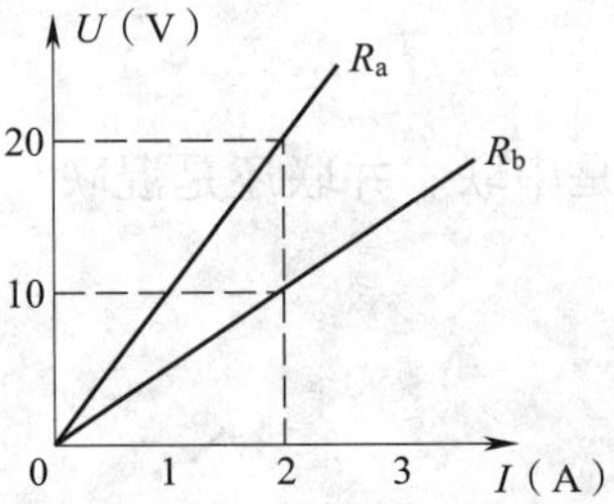

图1—6

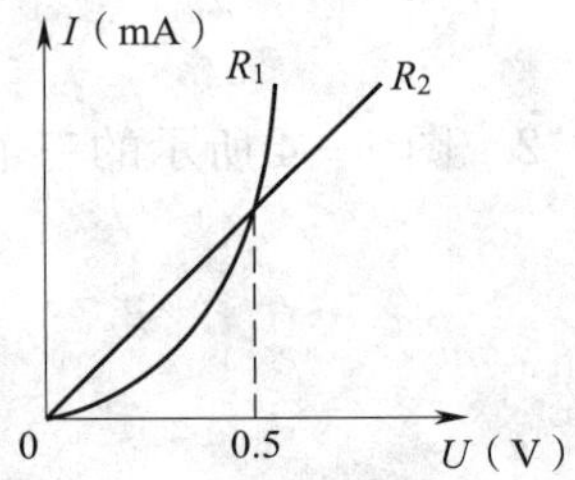

图1—7

二、选择题

1. 电源电动势是2 V，内电阻是0.1 Ω，当外电路断路时，电路中的电流和端电压分别为（　　）。

A. 0　2 V　　B. 20 A　2 V　　C. 20 A　0　　D. 0　0

2. 在上题中，当外电路短路时，电路中的电流和端电压分别为（　　）。

A. 0　2 V　　B. 20 A　2 V　　C. 20 A　0　　D. 0　0

3. 用电压表测得电路端电压为0，这说明（　　）。

A. 外电路断路　　B. 外电路短路

C. 外电路上电流比较小　　D. 电源内电阻为零

4. 在全电路中，当负载短路时，电源内压降（　　）。

A. 为零　　B. 等于电源电动势　　C. 等于端电压

5. 一段导线的电阻与其两端所加的电压（　　）。

A. 一定有关　　B. 一定无关　　C. 可能有关

三、判断题

1. 电路无论空载还是满载，电源两端的电压都保持恒定不变。（　　）

2. 在开路状态下，开路电流为零，电源端电压也为零。（　　）

3. 在短路状态下，短路电流很大，电源端电压为零。（　　）

4. 当电源的内阻一定时，电路接大负载时，端电压下降较大；电路接小负载时，端电压下降较小。（　　）

四、综合分析题

1. 人体通过 50 mA 电流时就会引起呼吸器官麻痹，如人体最小电阻为 800 Ω，求人体的安全工作电压是多少？并说明为什么人体接触 220 V 电线时会发生危险，而接触干电池（1.5 V）时却没有感觉。

2. 由电动势为 110 V、内阻为 1 Ω 的电源给负载供电，负载电流为 10 A，求通路时的电源输出电压。若负载短路，求短路电流和电源输出电压。

3. 在图 1—8 所示发电机电路中，开关 S 接通后，调整负载电阻 R_L，当电压表读数为 80 V 时，电流表读数为 10 A；电压表读数为 90 V 时，电流表读数为 5 A。求发电机 G 的电动势 E 和内阻 r。

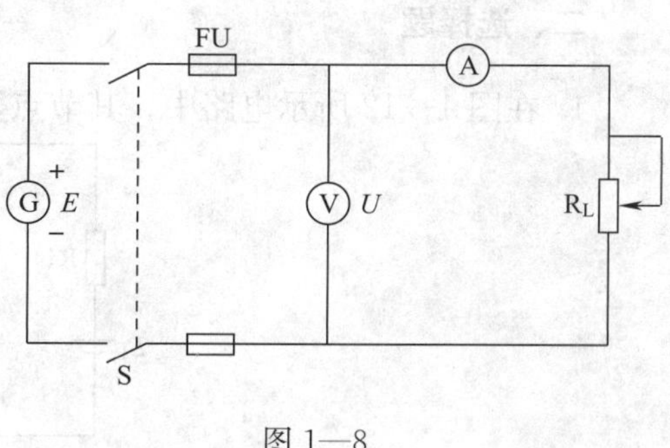

图 1—8

§1—4 基尔霍夫定律

一、填空题

1. 不能用电阻串、并联化简求解的电路称为________电路。

2. 电路中__________________________叫作支路；______________________支路的汇交点叫作节点；电路中__________________________都叫作回路，其中，最简单的回路又叫作________或________。

3. 基尔霍夫电流定律指出：流过电路任一节点______________为零，其数学表达式为______________；基尔霍夫电压定律指出：从电路的任一点出发绕任意回路一周回到该点时，______________为零，其数学表达式为______________。

4. 如图 1—9 所示电路中，有______个节点，______条支路，______个回路，________个网孔。

5. 在如图 1—10 所示电路中，I=________A。

6. 在如图 1—11 所示电路中，I_1=________A，I_2=________A。

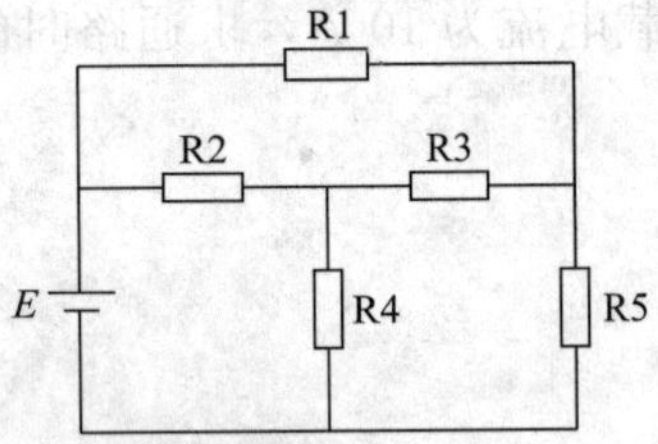

图 1—9

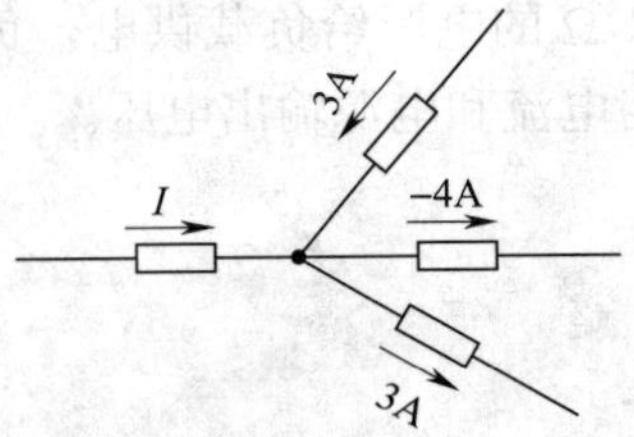

图 1—10

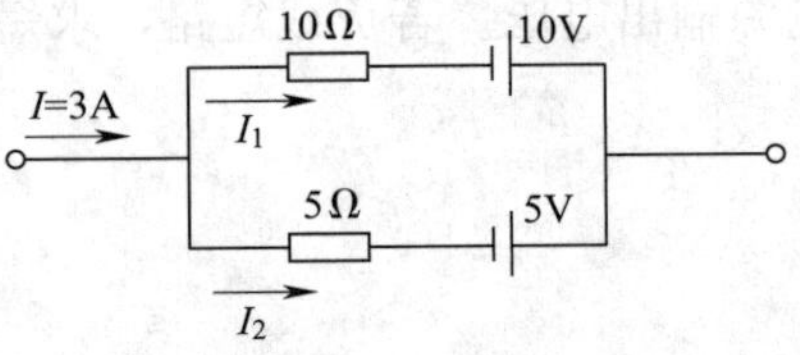

图 1—11

二、选择题

1. 在图 1—12 所示电路中，其节点数、支路数、回路数及网孔数分别为（　　）。

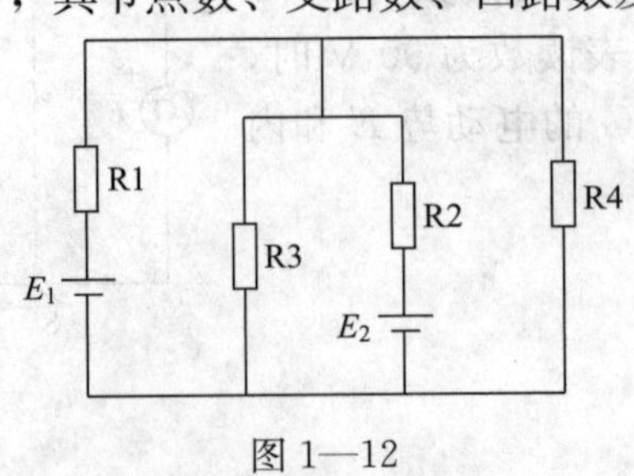

图 1—12

A. 2、5、3、3　　　　B. 3、6、4、6　　　　C. 2、4、6、3

2. 某电路的计算结果是：$I_2=2$ A，$I_3=-3$ A，它表明（　　）。

A. 电流 I_2 与电流 I_3 方向相反

B. 电流 I_2 大于 I_3

C. 电流 I_3 大于 I_2

D. I_3 的实际方向与参考方向相同

3. 在图 1—13 中，与方程 $U=IR-E$ 相对应的电路是（　　）。

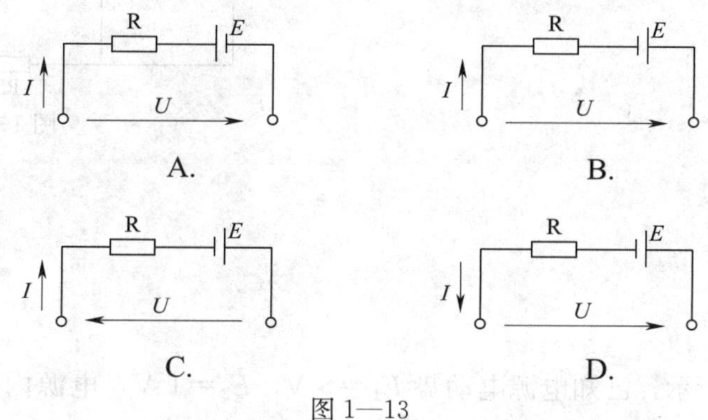

图 1—13

4. 在图 1—14 所示电路中，已知 $I_1=0.8$ A，$I_2=0.6$ A，则电阻 R3 上通过的电流为（　　）A。

A. 0.8　　　　B. 0.6　　　　C. 1.4　　　　D. 0.2

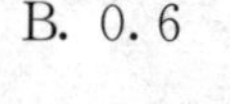

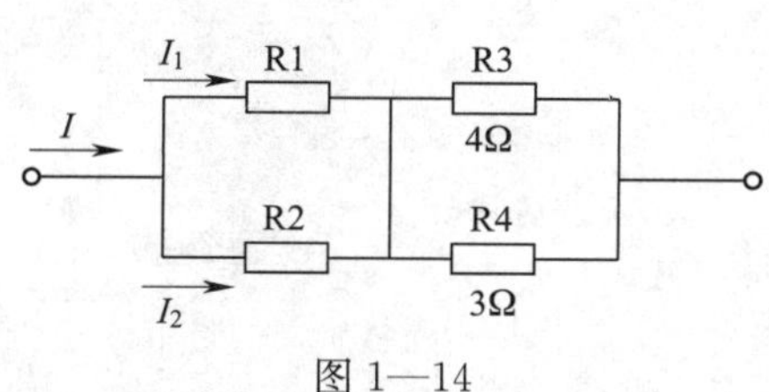

图 1—14

5. 某电路有 3 个节点和 7 条支路，采用支路电流法求解各支路电流时，应列出电流方程和电压方程的个数分别为（　　）。

A. 3、4　　　　B. 4、3　　　　C. 2、5　　　　D. 4、7

三、判断题

1. 每一条支路中的元件仅是一只电阻或一个电源。（　　）

2. 电路中任一网孔都是回路。（　　）

3. 电路中任一回路都可以称为网孔。（　　）

4. 在电路中任意一个节点上，流入节点的电流之和一定等于流出该节点的电流之和。（　　）

5. 采用支路电流法，用基尔霍夫电流定律列节点电流方程时，若电路有 n 个节点，则一定要列出 n 个节点电流方程。（　　）

四、综合分析题

1. 在图 1—15 中，$E_1=1.5$，$E_2=3$ V，$R_1=75$ Ω，$R_2=12$ Ω，$R_3=100$ Ω，计算通过 R1、R2、R3 中电流的大小和方向。

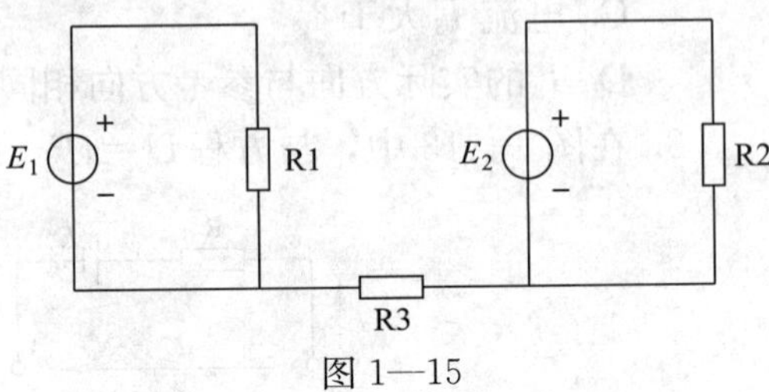

图 1—15

2. 如图 1—16 所示，已知电源电动势 $E_1=6$ V，$E_2=1$ V，电源内阻不计，电阻 $R_1=1$ Ω，$R_2=2$ Ω，$R_3=3$ Ω，求流过各电阻的电流。

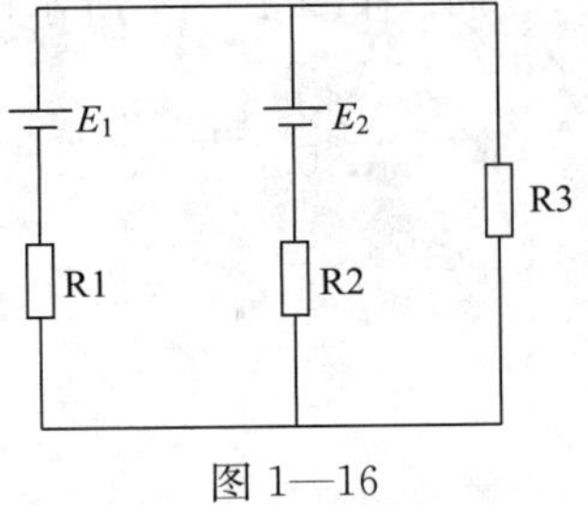

图 1—16

3. 在图 1—17 所示电路中，电流表的读数为 0.2 A，试求电动势 E_2 的大小。

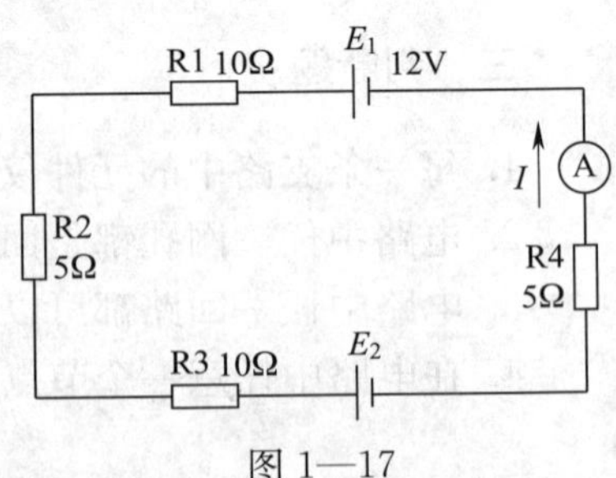

图 1—17

4. 在图 1—18 所示电路中，求 R2 的阻值及流过它的电流。

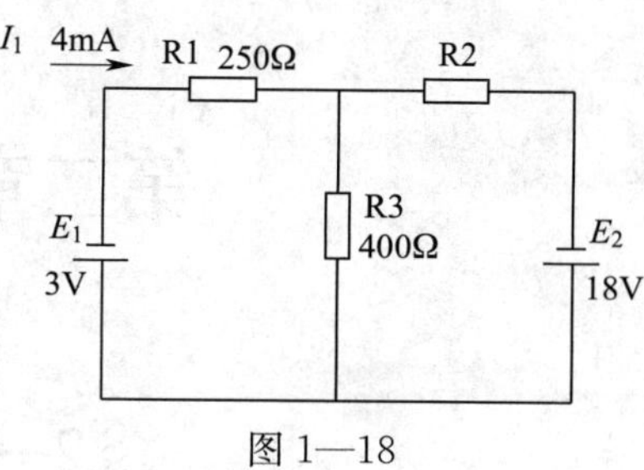

图 1—18

第二章　单相正弦交流电路

§2—1　正弦交流电的基本概念

一、填空题

1. 正弦交流电流是指电流的________和________均按__________变化的电流。

2. 交流电的周期是指________________________________，用符号______表示，单位为________；交流电的频率是指____________________________，用符号______表示，单位为____________，它们的关系是__________。

3. 我国动力和照明用电的标准频率为______________Hz，习惯上称为工频，其周期是__________s，角频率是__________rad/s。

4. ________反映了正弦量的变化范围，________反映了正弦量的变化快慢，________反映了正弦量的起始状态。它们是正弦交流电的三要素。

5. 已知一正弦交流电流 $i=\sin\left(314t-\frac{\pi}{4}\right)$ A，则该交流电的最大值为________，有效值为________，频率为________，周期为________，初相位为________。

6. 电阻 R 接入 2 V 的直流电路中，其消耗功率为 P，如果把阻值为 $R/2$ 的电阻接到最大值为 2 V 的交流电路中，它消耗的功率为________。

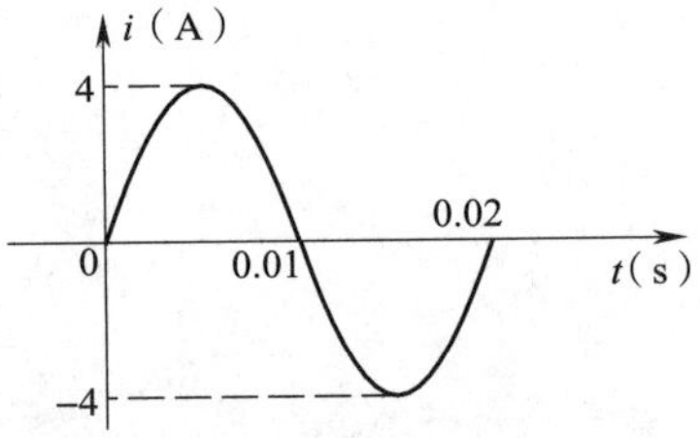

7. 如图 2—1 所示为正弦交流电流，其电流瞬时值表达式是________________。

图 2—1

8. 常用的表示正弦量的方法有________、________和__________，它们都能将正弦量的三要素准确地表示出来。

9. 作相量图时，通常取______（顺、逆）时针转动的角度为正，同一相量图中，各正弦量的______应相同。用相量表示正弦交流电后，它们的加、减运算可按________________法则进行。

二、选择题

1. 交流电的周期越长，说明交流电变化得（　　）。

A. 越快　　B. 越慢　　C. 无法判断

2. 已知一交流电流，当 $t=0$ 时，该交流电的值 i_0 为 1 A，初相位为 30°，则这个交流电的有效值为（　　）A。

A. 0.5　　B. 1.414　　C. 1　　D. 2

3. 已知一个正弦交流电压波形如图 2—2 所示，其瞬时值表达式为（　　）。

A. $u=10\sin\left(\omega t-\frac{\pi}{2}\right)$ V　　B. $u=-10\sin\left(\omega t-\frac{\pi}{2}\right)$ V

C. $u=10\sin(\omega t+\pi)$ V

4. 已知两个正弦量为 $u_1=10\sin(314t-90°)$ A，$u_2=10\sin(628t-30°)$ A，则（　　）。

A. u_1 比 u_2 超前 60°　　B. u_1 比 u_2 滞后 60°

C. u_1 比 u_2 超前 90°　　D. 不能判断相位差

5. 在图 2—3 所示的相量图中，交流电压 u_1 和 u_2 的相位关系是（　　）。

A. u_1 比 u_2 超前 75°　　B. u_1 比 u_2 滞后 75°

C. u_1 比 u_2 超前 30°　　D. 无法确定

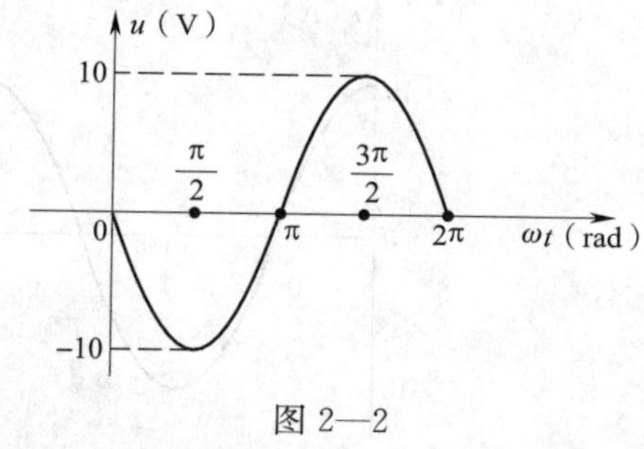

图 2—2

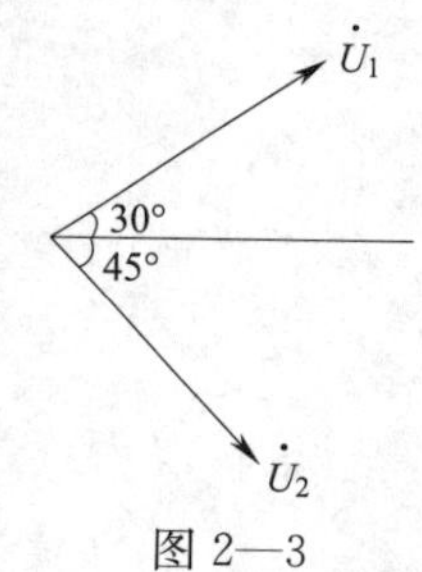

图 2—3

三、判断题

1. 交流电与直流电的区别是：直流电的大小和方向不随时间的变化而变化，交流电的大小和方向都随时间的变化而变化。（　　）

2. 正弦交流电的三要素是指有效值、频率和周期。（　　）

3. 用交流电压表测得交流电压是 220 V，则此交流电压的最大值是 380 V。（　　）

4. 一只额定电压为 220 V 的白炽灯可以接到电压最大值为 311 V 的交流电源上。（　　）

5. 用交流电表测得交流电的数值是平均值。（　　）

四、综合分析题

1. 让 8 A 的直流电流和最大值为 10 A 的交流电流分别通过阻值相同的电阻，问：相同时间内，哪个电阻发热量最大？为什么？

2. 有两个交流电，它们的电压瞬时值分别为：$u_1 = 20\sin\left(314t+\frac{\pi}{6}\right)$ V，$u_2 = 537\sin\left(314t+\frac{\pi}{2}\right)$ V，求它们的相位差，并指出它们的相位关系。

3. 如图 2—4 所示是一个按正弦规律变化的交流电流的波形图，试根据波形图指出它的周期、频率、角频率、初相、有效值，并写出它的解析式。

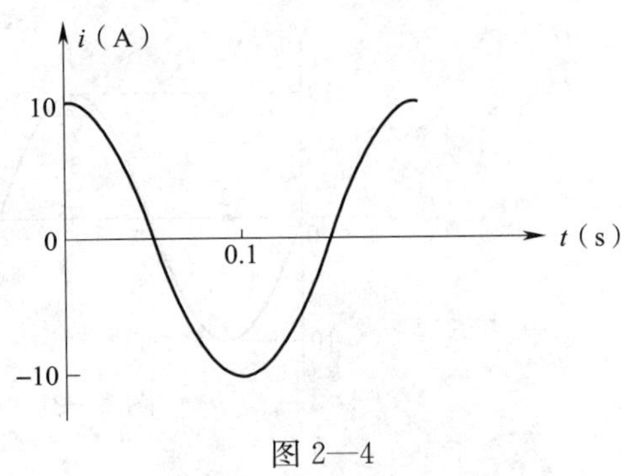

图 2—4

4. 已知一正弦电动势的最大值为 220 V，频率为 50 Hz，初相位为 30°，试写出此电动势的解析式，绘出波形图，并求出 $t=0.01$ s时的电压瞬时值。

5. 已知正弦交流电流 $u_1 = 6\sqrt{2}\sin(100\pi t+90°)$ V，$u_2 = 8\sqrt{2}\sin(100\pi t)$ V，在同一坐标上画出其相量图，并计算：

(1) $u_1 + u_2$。

(2) $u_1 - u_2$。

§2—2 电容器和电感器

一、填空题

1. 两个________________就组成了一个电容器。这两个导体称为电容器的两个______，中间的绝缘材料称为电容器的________。

2. 电容的单位是________，常用较小的单位有________、________和________。

3. ________________________称为容抗，容抗与频率成________比，其值 $X_C=$ ____________，单位是________；100 pF 的电容器对频率是 10^6 Hz 的高频电流和 50 Hz 的工频电流的容抗分别是____________和____________。

4. 只有当电容上电压随时间变化时，电容上才有电流流过，因此电容为____________。

5. 电容的容抗与频率的关系可以简单地概括为________________，因此，电容也被称为____________元件。

6. 一个电容器接在直流电源上，其容抗 $X_C=$ ______，电路稳定后相当于______。一个纯电感线圈若接在直流电源上，其感抗 $X_L=$ ________，电路相当于________。

7. 电感器是由____________绕成的圆筒状线圈。

8. __________是反映电感器抗拒电流变化能力的一个物理量。电感量与____________、________、________及____________有关。

9. 电感量用符号________表示，单位是________，用字母________表示。实际常用单位有________和________。

10. ________________________称为感抗，感抗与频率成________比，其值 $X_L=$ ________，单位是________；若线圈的电感为 0.6 H，把线圈接在频率为 50 Hz 的交流电路中，$X_L=$ ________Ω。

11. 电感对交流电的阻碍作用可概括为________________，因此，电感元件也被称为________元件。

二、选择题

1. 在纯电容正弦交流电路中，当电容一定时，则（　　）。

A. 频率 f 越高，容抗 X_C 越大

B. 频率 f 越高，容抗 X_C 越小

C. 容抗 X_C 与频率 f 无关

2. 在频率为 50 Hz 的家用电路中，电容的容抗和线圈的感抗相等，现将频率提高到 500 Hz，则感抗与容抗之比等于（　　）。

A. 100　　B. 0.01　　C. 10　　D. 1 000

3. 在同一交流电压作用下，电感 L 变大，电感中的电流将（　　）。

A. 不变　　B. 变小　　C. 变大

三、判断题

1. 电容的大小取决于电容器的结构及极板间介质的绝缘性能，并且与外加电压的大小、电容器带电多少等外部条件有关。 ( )

2. 在电容器的充、放电过程中，电容器两端电压发生变化，其电荷量也发生了变化，电荷在电路中移动，便形成了电流。 ( )

3. 当电容两端的电压增大时，电场能量增大，电容的电场能量转换为电能。 ( )

4. 电感的容抗与频率的关系可以简单概括为：隔直流，通交流，阻低频，通高频。 ( )

5. 空心电感器的电感量大小取决于自身结构，与线圈是否通电及通电电流大小无关。 ( )

6. 当流过电感的电流增大时，磁场能量减小，电感释放能量，磁场能量转换为电能。 ( )

7. 电容的感抗与频率的关系可以简单概括为：通直流，阻交流，通低频，阻高频。 ( )

8. 电感器的品质因数也称 Q 值。Q 值越小，说明电路对信号的选择性越好。 ( )

9. 小容量电容器漏电阻很大，测量时需要用 $R\times10\ \text{k}\Omega$ 挡；电感器的直流电阻很小，测量时用 $R\times1\ \Omega$ 挡。 ( )

四、综合分析题

1. 已知一电容器通过频率为 50 Hz 的电流时，其容抗为 100 Ω，电流与电压的相位差为 90°。试问电流频率升高至 5 000 Hz 时，电容器容抗是多少？电流与电压的相位差又是多少？

2. 有一个 $L=0.5$ H 的电感线圈接在 $u=220\sqrt{2}\sin(314t+60^\circ)$ V 的交流电源上，试求线圈的感抗。

§2—3　纯电阻、纯电感、纯电容交流电路

一、填空题

1. 交流电路中如果只有___________，则称为纯电阻电路。当外加电压一定时，影响电流大小的主要因素是_________。

2. 由电阻很小的电感线圈组成的交流电路，可以近似地看作是_________。在纯电感电路中，电流、电压、感抗之间的关系是__________。

3. 在纯电容电路中，_______与电压成正比，与_______成反比，即________。

4. 在纯电容正弦交流电路中，有功功率 $P=$_____W，无功功率 $Q_C=$_____$=$_____$=$_____。

5. 在正弦交流电路中，已知流过电容元件的电流 $I=10$ A，电压 $u=20\sqrt{2}\sin(1\ 000t)$ V，则电流 $i=$_____________________，容抗 $X_C=$_______，电容 $C=$_______，无功功率 $Q_C=$_______。

6. 在纯电感正弦交流电路中，电压有效值与电流有效值之间的关系为_______，电压与电流在相位上的关系为__________________。

7. 在纯电感正弦交流电路中，有功功率 $P=$_______W，无功功率 Q_L 与电流 I、电压 U_L、感抗 X_L 之间的关系为：$Q_L=$_______$=$_______$=$_______。

8. 在正弦交流电路中，已知流过电感元件的电流 $I=10$ A，电压 $u=20\sqrt{2}\sin(1\ 000t)$ V，则电流 $i=$________________A，感抗 $X_L=$_______Ω，电感 $L=$_______H，无功功率 $Q_L=$_______Var。

9. 在正弦交流电路中，_______元件上电压与电流同相，_______元件上电压在相位上超前电流 90°，_______元件上电压在相位上滞后电流 90°。

二、选择题

1. 若电路中某元件两端的电压 $u=36\sin(314t-\frac{\pi}{2})$ V，电流 $i=4\sin(314t)$ A，则该元件是（　　）。

A. 电阻　　B. 电感　　C. 电容

2. 加在容抗为 100 Ω 的纯电容两端的电压 $u_C=100\sin(\omega t-\frac{\pi}{3})$ V，则通过它的电流应是（　　）。

A. $i_C=\sin\left(\omega t+\frac{\pi}{3}\right)$ A　　B. $i_C=\sin\left(\omega t+\frac{\pi}{6}\right)$ A

C. $i_C=\sqrt{2}\sin\left(\omega t+\frac{\pi}{3}\right)$ A　　D. $i_C=\sqrt{2}\sin\left(\omega t+\frac{\pi}{6}\right)$ A

3. 在纯电感电路中，已知电流的初相角为−60°，则电压的初相角为（　　）。

A. 30°　　B. 60°　　C. 90°　　D. 120°

4. 把 $L=10$ mH 的纯电感线圈接到 $u=141\sin(100t-60°)$ V 的电源上，线圈中通过的电流表达式为（　　）。

A. $i=100\sin(100t-150°)$ A

B. $i=141\sin(100t-150°)$ A

C. $i=141\sin(100t-30°)$ A

三、判断题

1. 在纯电感电路中，电流比电压超前 90°，即电压比电流滞后 90°。（　　）

2. 在纯电感电路中，瞬时功率在一个周期内始终为正值。（　　）

3. 电感元件有阻碍电流变化的作用，而自身又不消耗能量，所以在电工和电子技术中有广泛应用。（　　）

4. 纯电容电路的平均功率为零，说明纯电容不消耗功率。（　　）

5. 在纯电容电路中，瞬时功率为正值，说明电容将能量返还给电源。（　　）

6. 在纯电阻电路、纯电感电路和纯电容电路中，瞬时值和最大值满足欧姆定律，有效值不满足，原因是 u 和 i 的相位不同。（　　）

四、综合分析题

1. 已知某纯电容电路两端的电压为 $u=200\sqrt{2}\sin(500t)$ V，电容 $C=10\ \mu$F，试求：

（1）流过电容的瞬时电流。

（2）电路的无功功率。

（3）电流、电压的相量图。

2. 在纯电感电路中，$\dfrac{U}{I}=X_L$，$\dfrac{U_m}{I_m}=X_L$，为什么$\dfrac{u}{i}\neq X_L$？

3. 已知一个电感线圈通过频率为 50 Hz 的电流时，其感抗为 10 Ω，电压和电流的相位差为 90°，试问：当电流频率升高至 500 Hz 时，其感抗是多少？电压与电流的相位差又是多少？

4. 有一个 $L=0.5$ H 的电感线圈接在 $u=220\sqrt{2}\sin(314t+60^\circ)$ V 的交流电源上，试求：

(1) 电流的大小。

(2) 电路的无功功率。

(3) 电压、电流的相量图。

§2—4 RLC 串联电路

一、填空题

1. 在 RLC 串联电路中，Z 称为__________，单位是__________，$Z=$__________。

2. 阻抗角 φ 的大小决定于参数______、______、______，以及__________，电抗 $X=$__________。

3. 当 $X>0$ 时，则阻抗角 φ 为______值，相位关系为总电压 u 的相位__________电流 i 的相位，电路呈__________；当 $X<0$ 时，则阻抗角 φ 为______值，相位关系为总电压 u 的相位__________电流 i 的相位，电路呈__________；当 $X=0$ 时，则阻抗角 φ 为________，总电压 u 和电流 i 的相位差为__________，电路呈__________。

4. 在 RL 串联正弦交流电路中，已知电流 I 为 5 A，电阻 $R=30$ Ω，感抗 $X_L=40$ Ω，则电路的阻抗 $Z=$________，电路的有功功率 $P=$________，无功功率 $Q=$________，视在功率 $S=$________。

5. 在 RLC 串联正弦交流电路中，已知电流 I 为 5 A，电阻 $R=30$ Ω，感抗 $X_L=40$ Ω，容抗 $X_C=80$ Ω，则电路的阻抗 $Z=$________，该电路称为__________性电路。电阻上的平均功率为________，无功功率为________；电感上的平均功率为________，无功功率为________；电容上的平均功率为________，无功功率为________。

6. 在 RLC 串联电路中，当电路发生谐振时，f_0 = __________。

7. 串联谐振也称为__________。通常把 U_C 或 U_L 与电压 U 的比值称为__________，用____表示，即________________________。

二、选择题

1. 在如图 2—5 所示电路中，电流 I 等于（　　）A。

A. 5　　B. 1　　C. 0

2. 白炽灯与电容器组成的电路如图 2—6 所示，由交流电源供电，如果交流电的频率减小，则电容器的（　　）。

A. 电容增大　　B. 电容减小　　C. 容抗增大　　D. 容抗减小

3. 白炽灯与线圈组成的电路如图 2—7 所示，由交流电源供电，如果交流电的频率增大，则线圈的（　　）。

A. 电感增大　　B. 电感减小　　C. 感抗增大　　D. 感抗减小

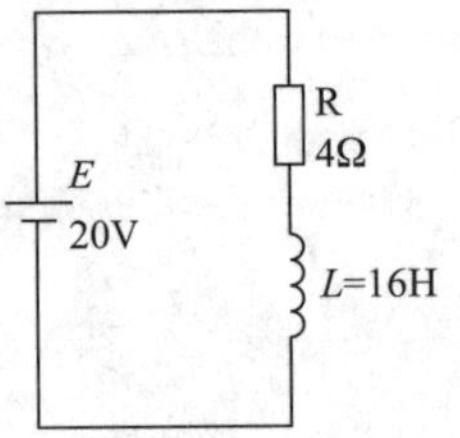

E 20V　R 4Ω　L=16H

图 2—5

~

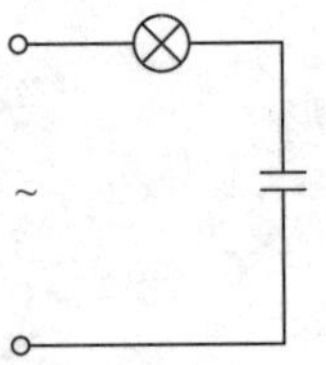

图 2—6

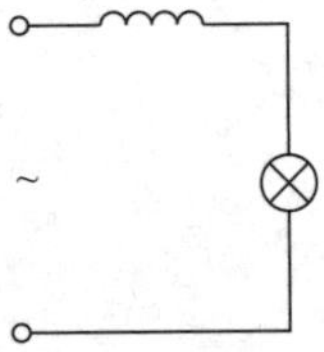

~

图 2—7

4. 如图 2—8 所示，三只灯泡均正常发光，当电源电压不变、频率 f 变小时，灯的亮度变化情况是（　　）。

A. HL1 不变，HL2 变暗，HL3 变暗　　B. HL1 变亮，HL2 变亮，HL3 变暗

C. HL1、HL2、HL3 均不变　　D. HL1 不变，HL2 变亮，HL3 变暗

5. 在如图 2—9 所示 RL 串联电路中，电压表 PV1 的读数为 10 V，PV2 的读数也为 10 V，则电压表 PV 的读数应为（　　）V。

A. 0　　B. 10　　C. 14.1　　D. 20

6. 在如图 2—10 所示电路中，当交流电源的电压大小不变而频率降低时，电压表的读数将（　　）。

A. 增大　　B. 减小　　C. 不变

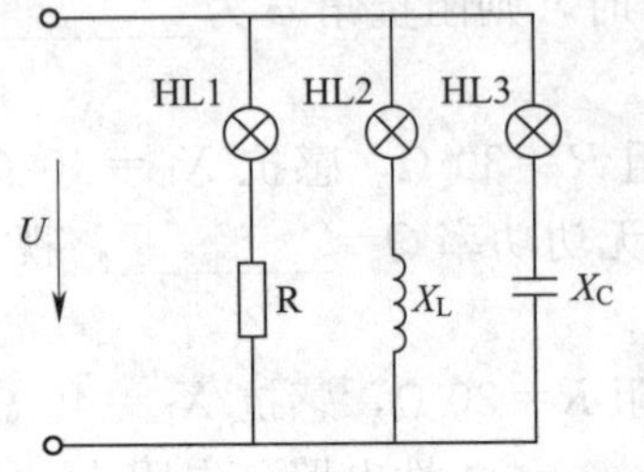

HL1　HL2　HL3　U　R　X_L　X_C

图 2—8

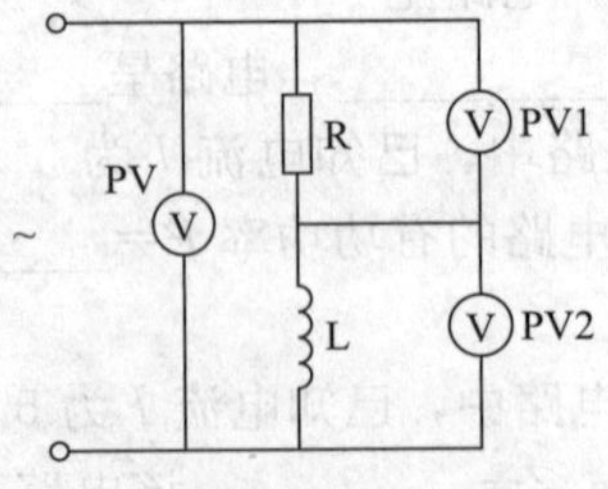

PV　R　PV1　L　PV2　~

图 2—9

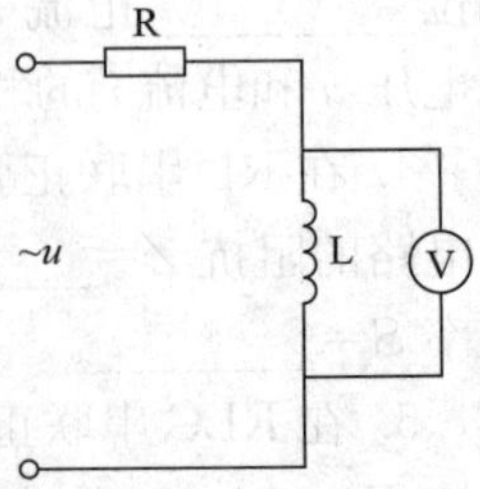

R　~u　L　V

图 2—10

7. 在 RLC 串联电路中，已知条件如下，只有（　　）属电感性电路。

A. $R=5\ \Omega$，$X_L=7\ \Omega$，$X_C=4\ \Omega$

B. $R=5\ \Omega$，$X_L=4\ \Omega$，$X_C=7\ \Omega$

C. $R=5\ \Omega$，$X_L=4\ \Omega$，$X_C=4\ \Omega$

D. $R=5\ \Omega$，$X_L=5\ \Omega$，$X_C=5\ \Omega$

8. 已知 RLC 串联电路的端电压 $U=20$ V，各元件两端的电压 $U_R=12$ V，$U_L=16$ V，$U_C=$（　　）V。

A. 4　　B. 32　　C. 12　　D. 28

三、判断题

1. 在 RLC 串联电路中，当 $X_L>X_C$时，则 $U_L>U_C$，阻抗角 $\varphi>0$，电路呈电容性。（　　）

2. 在 RLC 串联电路中，当 $X_L<X_C$时，则 $U_L<U_C$，阻抗角 $\varphi<0$，电路呈电感性。（　　）

3. 电路串联谐振时，电感和电容两端的电压有可能大于电源电压。（　　）

4. 品质因数越高，说明串联谐振时电感和电容两端的电压越高，甚至会远远大于电源电压。（　　）

四、综合分析题

1. 如图 2—11 所示，三个电路中的电源和灯泡是相同的，灯泡都能发光，哪种情况下灯泡亮度最大？哪种情况下灯泡最暗？为什么？

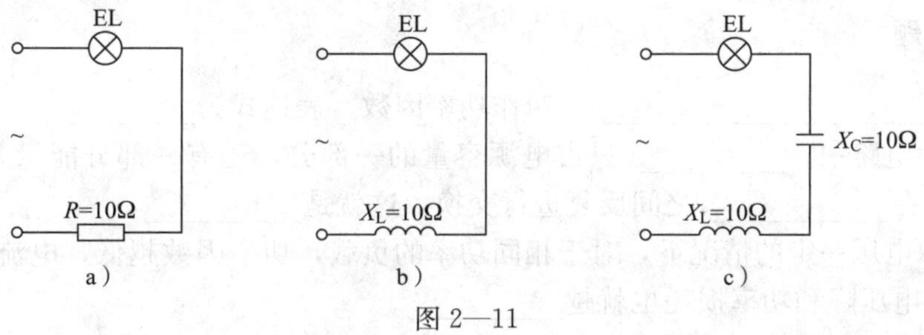

图 2—11

2. 一个线圈和一个电容相串联，已知线圈的电阻 $R=4\ \Omega$，电感 $L=254\ \text{mH}$，电容 $C=637\ \mu\text{F}$，外加电压 $u=311\sin\left(100\pi t+\frac{\pi}{4}\right)\ \text{V}$，试求：

（1）电路的阻抗。

（2）电流的有效值。

（3）U_R、U_L及U_C并作相量图。

（4）有功功率、无功功率和视在功率。

§2—5 提高功率因数的意义和方法

一、填空题

1. ______________叫作功率因数，表达式为______。

2. 在感性电路中，______只占电源容量的一部分，还有一部分能量并没有消耗在负载上，而是在______之间反复进行交换，这就是______。

3. 在电源电压一定的情况下，对于相同功率的负载，功率因数越低，电流越______，供电线路上的电压降和功率损耗也就越______。

4. 在纯电阻电路中，功率因数为______；在感性负载电路中，功率因数介于______与______之间。

5. 提高功率因数的方法有：（1）__________；（2）__________。

6. 电力电容器并联补偿常采用________、________、________等多种不同的补偿方式。

二、判断题

1. 输电线路中，在电源电压一定的情况下，对于相同功率的负载，功率因数越低，电流越小，输电线路上的电压降和功率损耗也越小。（　）

2. 在工厂供配电系统中，采用个别补偿补偿范围大，但电容器的利用率低。（　）

3. 在电力电容器并联补偿中，并接电容器的容量越大，功率因数提高越多。（　）

4. 如果电容器的容量过大，会使电路变成感性，功率因数 $\cos\varphi$ 反而会降低。 (　　)

5. 功率因数是衡量工厂供电系统电能利用程度的一个重要技术经济指标。 (　　)

三、综合分析题

1. 工厂配电室安装有电容器，为什么要在不同无功功率负载时接入不同容量的电容器？能否把全部电容器一次接入？这样做可能会出现什么问题？

2. 已知某发电机的额定电压为 220 V，视在功率为 440 kV・A。试求：

(1) 用该发电机向额定工作电压为 220 V、有功功率为 4.4 kW、功率因数为 0.5 的用电器供电，问能供多少个用电器正常工作？

(2) 若把功率因数提高到 1 时，又能供多少个用电器正常工作？

第三章　三相正弦交流电路

§3—1　三相正弦交流电

一、填空题

1. 三相交流电源是三个__________、__________而__________的单相交流电源按一定方式的组合。

2. 由三根______线和一根______线所组成的供电线路，称为三相四线制电网。三相电动势到达最大值的先后次序称为__________。

3. 从三相电源始端引出的输电线称为______或______，俗称______。通常用______、______和______三种颜色导线表示；从中性点引出的输电线称为______，简称______，一般用__________色导线表示。

4. 三相四线制电网中，线电压是指____________________________________，相电压是指____________________________，这两种电压的数值关系是______________，相位关系是________________________。

5. 不对称星形负载的三相电路，必须采用_____________________供电，中线不许安装____________和____________。

6. 目前民用建筑在配电布线时，常采用______相______线制供电，设有两根零线，一根是__________零线，一根是__________零线。

二、选择题

1. 关于三相交流发电机的使用，下列说法正确的是（　　）。

A. 三相交流发电机发出的三相交变电流，只能同时用于三相交变电流

B. 三相交流发电机不可当作三个单相交流发电机

C. 三相交流发电机必须是三根火线、一根中性线向外输电，任何情况下都不能少一根输电线

D. 如果三相负载完全相同，三相交流发电机也可以用三根线（都是火线）向外输电

2. 某三相对称电源电压为 380 V，则其线电压的最大值为（　　）V。

A. $380\sqrt{2}$　　B. $380\sqrt{3}$

C. $380\sqrt{6}$　　D. $\frac{380\sqrt{2}}{\sqrt{3}}$

3. 已知对称三相电压中，V 相电压为 $u_V = 220\sqrt{2}\sin(314t + \pi)$ V，则按正序 U 相和 W 相电压为（　　）。

A. $u_U = 220\sqrt{2}\sin\left(314t + \frac{\pi}{3}\right)$ V

$u_W = 220\sqrt{2}\sin\left(314t - \frac{\pi}{3}\right)$ V

B. $u_U = 220\sqrt{2}\sin\left(314t - \frac{\pi}{3}\right)$ V

$u_W = 220\sqrt{2}\sin\left(314t + \frac{\pi}{3}\right)$ V

C. $u_U = 220\sqrt{2}\sin\left(314t + \frac{2\pi}{3}\right)$ V

$u_W = 220\sqrt{2}\sin\left(314t - \frac{2\pi}{3}\right)$ V

4. 三相交流电相序 U—V—W—U 属于（　　）。

A. 正序　　B. 负序　　C. 零序

5. 在如图 3—1 所示三相四线制电源中，用电压表测量电源线的电压以确定零线，测量结果 U_{12}=380 V，U_{23}=220 V，则（　　）。

A. 2 号为零线　　B. 3 号为零线　　C. 4 号为零线

1 ————
2 ————
3 ————
4 ————

图 3—1

6. 已知某三相发电机绕组连接成星形时的相电压 $u_U = 220\sqrt{2}\sin(314t + 30°)$ V，$u_V = 220\sqrt{2}\sin(314t - 90°)$ V，$u_W = 220\sqrt{2}\sin(314t + 150°)$ V，则当 t=10 s 时，它们之和为（　　）V。

A. 380　　B. 0　　C. $380\sqrt{2}$　　D. $\frac{380\sqrt{2}}{\sqrt{3}}$

三、判断题

1. 对于三相交变电流，相电压一定小于线电压。（　　）

2. 三相对称电源接成三相四线制，目的是向负载提供两种电压，在低压配电系统标准电压规定中，线电压为 380 V，相电压为 220 V。（　　）

3. 当三相负载越接近对称时，中线电流就越小。（　　）

4. 两根相线之间的电压叫线电压。（　　）

5. 三相交流电源是由频率、有效值、相位都相同的三个单相交流电源按一定方式组合起来的。（　　）

四、简答题

和单相交流电相比，三相交流电有哪些优点？

五、综合分析题

1. 如果给你一支验电笔或者一个量程为 500 V 的交流电压表，你能确定三相四线制供电线路中的相线和中线吗？试说出方法。

2. 已知作星形连接的对称三相电源的电动势 $e_1 = 220\sqrt{2}\sin(314t)$ V，试求：

（1）根据习惯相序写出 e_2、e_3 的解析式。

（2）作出 e_1、e_2、e_3 的相量图。

§3—2　三相负载的连接方式

一、填空题

1. 三相电路的三相负载可分为__________负载和__________负载；在三相电路中负载有__________和__________两种连接方式。

2. 把三相负载分别接在三相电源的________线和________线之间的接法称为三相负载的星形接法，常用______符号表示；把三相负载分别接在三相电源的________线和________线之间的接法称为三相负载的三角形接法，常用________符号表示。

3. 三相对称负载作星形连接时，$U_{Y相}=$________$U_{Y线}$，且 $I_{Y相}=$________$I_{Y线}$，此时中性线电流为________。

4. 三相对称负载作三角形连接时，$U_{\triangle线}=$________$U_{\triangle相}$，且 $I_{\triangle线}=$________$I_{\triangle相}$，各线电流比相应的相电流______________。

5. 三相对称电源线电压 $U_L=380$ V，对称负载每相阻抗 $Z=10\ \Omega$，若接成星形，则线电流 $I_线=$________A；若接成三角形，则线电流 $I_线=$________A。

6. 对称三相负载不论是连成星形还是三角形，其总有功功率均为 $P=$______________，无功功率 $Q=$______________，视在功率 $S=$______________。

7. 某对称三相负载，每相负载的额定电压为 220 V，当三相电源的线电压为 380 V 时，负载应作________连接；当三相电源的线电压为 220 V 时，负载应作________连接。

8. 图 3—2 所示为三相对称负载，若电压表 PV1 的读数为 380 V，则电压表 PV2 的读数为________；若电流表 PA1 的读数为 10 A，则电流表 PA2 的读数为________。

9. 图 3—3 所示为三相对称负载，若电压表 PV1 的读数为 380 V，则电压表 PV2 的读数为________；若电流表 PA1 的读数为 10 A，则电流表 PA2 的读数为________。

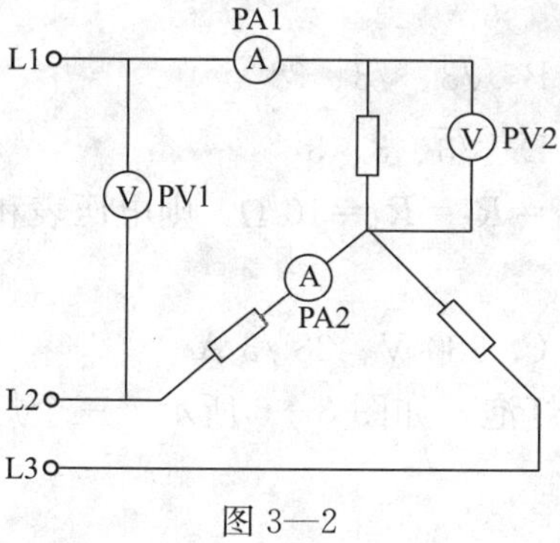

图 3—2

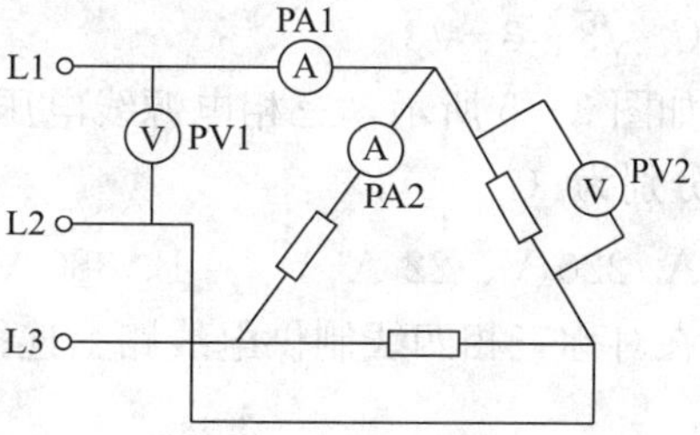

图 3—3

10. 用钳形电流表测量三相三线负载（如三相异步电动机）的电流时，同时钳入两条导线，如图 3—4a 所示，则所指示的电流值应为______________的电流。若是在三相四线制系统中，同时钳入三条相线测量，如图 3—4b 所示，则指示的电流值为______________的电流。

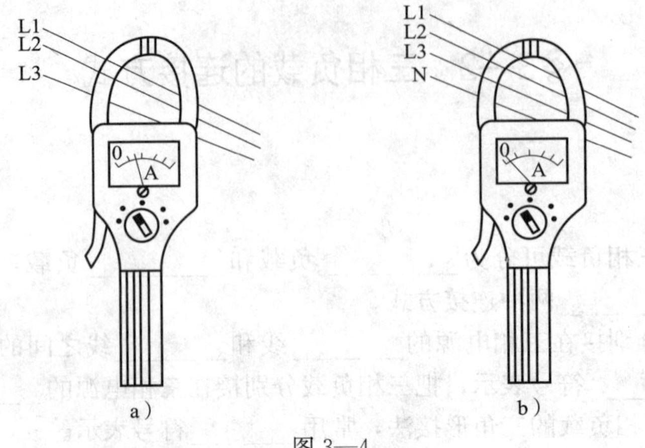

图 3—4

二、选择题

1. 三相电源作星形连接，三相负载对称，则（　　）。

A. 三相负载作三角形连接时，每相负载的电压等于电源线电压

B. 三相负载作三角形连接时，每相负载的电流等于电源线电流

C. 三相负载作星形连接时，每相负载的电压等于电源线电压

D. 三相负载作星形连接时，每相负载的电流等于线电流的 $\frac{1}{\sqrt{3}}$

2. 三相交流发电机接成星形，负载接成三角形，若负载相电压为 380 V，则（　　）。

A. 发电机相电压为 380 V

B. 发电机线电压为 380 V

C. 负载线电压为 220 V

3. 同一三相对称负载接在同一电源中，作三角形连接时，三相电路相电流、线电流、有功功率分别是作星形连接时的（　　）倍。

A. $\sqrt{3}$、$\sqrt{3}$、$\sqrt{3}$　　B. $\sqrt{3}$、$\sqrt{3}$、3

C. $\sqrt{3}$、3、$\sqrt{3}$　　D. $\sqrt{3}$、3、3

4. 如图 3—5 所示，三相电源线电压为 380 V，$R_1=R_2=R_3=10\ \Omega$，则电压表和电流表的读数分别为（　　）。

A. 220 V、22 A　　B. 380 V、38 A　　C. 380 V、38$\sqrt{3}$ A

5. 在对称三相四线制供电线路上连接三个相同的灯泡，如图 3—6 所示，三个灯泡都正常发光。

（1）如果中线 NN' 断开，那么（　　）。

A. 三个灯都将变暗

B. 三个灯都将因过亮而烧毁

C. 仍能正常发光

D. 立即熄灭

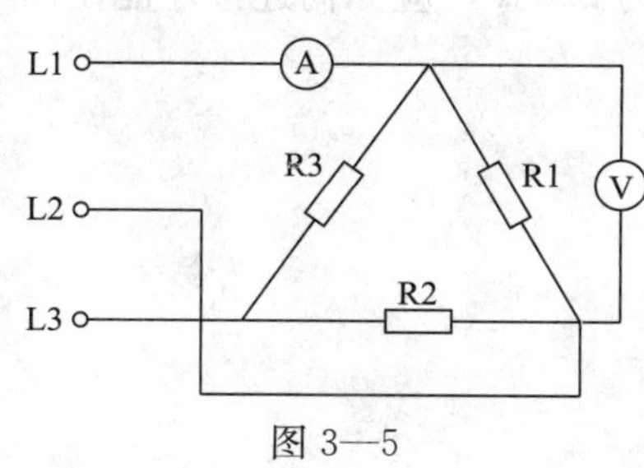

图 3—5

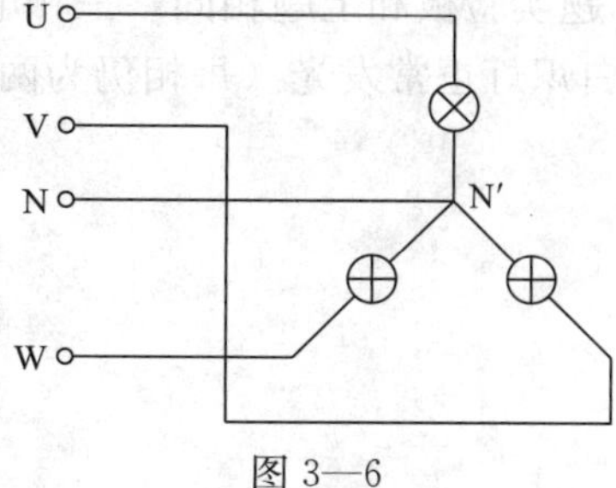

图 3—6

(2) 如果中线断开后又有一相断路，那么未断路的其他两相中的电灯（　　）。

A. 两个灯将变暗　　B. 两个将因过亮而烧毁

C. 两个灯仍能正常发光　　D. 两灯立即熄灭

三、判断题

1. 三相对称负载的相电流是指电源相线上的电流。（　　）

2. 三相交流电的相电流一定小于线电流。（　　）

3. 当三相负载越接近对称时，中线电流越小。（　　）

4. 在负载对称的三相交流电路中，中性线上的电流为零。（　　）

5. 三相对称负载接成三角形时，线电流的有效值是相电流有效值的 $\sqrt{3}$ 倍，且相位比相应的相电流超前 30°。（　　）

6. 一台三相电动机，每个绕组的额定电压是 220 V，现三相电源的线电压是 380 V，则这台电动机的绕组应接成三角形。（　　）

四、综合分析题

1. 有一块实验板如图 3—7 所示，你应如何连接才能将额定电压为 220 V 的白炽灯负载接入线电压为 380 V 的三相电源上（每相两盏灯）？连接好线路后，在 L1 相打开一盏灯，L2 相、L3 相均打开两盏灯，这时白炽灯能正常发光吗（白炽灯的功率都相等）？

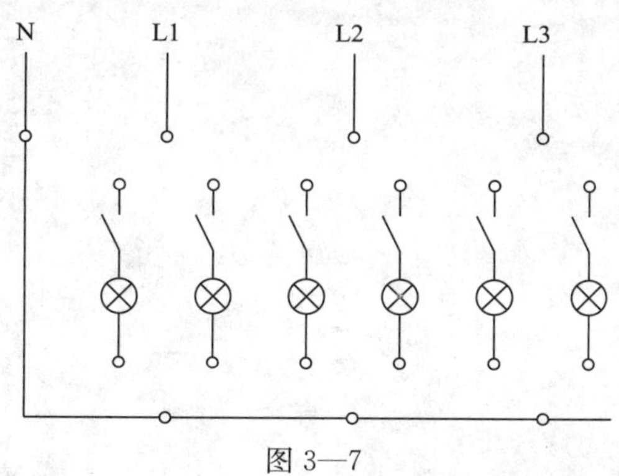

图 3—7

2. 本题实验板和上题相同，三相电源的线电压为 220 V，应如何连接才能使额定电压为 220 V 的白炽灯正常发光（每相仍为两盏灯）？

3. 一个三相电炉，每相电阻为 100 Ω，接在相电压为 220 V 的三相交流电源上，试分别计算电炉接成星形和三角形时的相电流和线电流。

4. 某三相三线制电路，电源线电压为 380 V，每相负载由电阻值为 15 Ω 的电阻和感抗为 20 Ω 的电感串联而成，试分别计算作星形连接和三角形连接时的相电流、线电流以及负载的有功功率。

5. 将图 3—8 中三组三相负载分别按三相三线制星形、三相三线制三角形和三相四线制星形连接，接入供电线路。

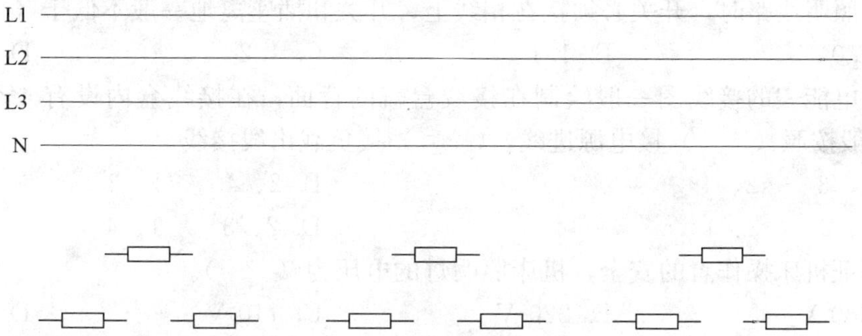

L1

L2

L3

N

图 3—8

§3—3 安 全 用 电

一、填空题

1. 将发电厂、电力网和用户联系起来的一个______、______、________、________和用电的整体称为电力系统。

2. 在电力系统中，输变电电压在________以上的为高压，在________以下的为低压，常用用电设备或用户所需的电压一般都是______。

3. 将电气设备的金属外壳与大地可靠地连接，称为__________，它适用于________________的三相供电系统。

4. 将电气设备在正常情况下不带电的外露导电部分与_____________相接，称为保护接零。

5. 漏电保护器正常时通过的是____________，漏电动作电流应根据______情况进行调整，通常可以整定到____________，对于经常移动的设备和比较危险的场所可以整定到_____________。

6. 照明电路配电板中，刀开关通常是指用____来操纵，使电路接通或断开的一种控制电器，其用于通断的部件做成闸刀形状的称为_________，又称_________或_________。

7. 在照明电路配电板中，熔断器在低压配电线路中主要起__________作用。

8. 电能表又称____________，是计量________的仪表，它能测量某一段时间内电路所消耗的________。电能表分为____________和__________两种。

二、选择题

1. 电力电源进入工厂的电压大多为 6～10 kV，当供电距离远或负荷容量大时，则采用(　　) kV 以上电压进电。

A. 30　　B. 35　　C. 40　　D. 45

2.（　　）是目前采取的主要保护措施。

A. 保护接零　　B. 保护接地　　C. 漏电保护器

3. 安装照明线路时，开关必须接在相线上，开关和插座离地一般不低于（　　）m。

A. 1.0　　B. 1.1　　C. 1.2　　D. 1.3

4. 单相电能表的接线图一般绘制在接线盒盖的背面，在接线盒内设有 4 个接线端子，接线时，一般按照（　　）接电源进线，（　　）接负载出线接线。

A. 1、3　2、4　　B. 2、4　1、3

C. 1、2　3、4　　D. 2、3　1、4

5. 为保证机床操作者的安全，机床照明灯的电压为（　　）。

A. 380 V　　B. 220 V　　C. 110 V　　D. 36 V 以下

6. 熔断器在低压配电线路中主要起（　　）作用。

A. 欠压保护　　B. 短路保护　　C. 过载保护　　D. 失压保护

三、判断题

1. 保护接零适用于中性点接地的三相四线供电系统，这是目前采取的主要保护措施。（　　）

2. 采用保护接零时，保护零线上必须安装熔断器和单独的断流开关。（　　）

3. 对于没有接零保护的日用电器，可在室内电源进线上接入整定到 15～30 mA 的漏电保护器，即可起到安全保护作用。（　　）

4. 判断电线或用电设备是否带电时，必须用验电器（或测电笔）。（　　）

5. 单相电能表的接线图一般绘制在接线盒盖的背面，在接线盒内设有 4 个接线端子，接线时，一般按照 2、4 接电源进线，1、3 接负载出线接线。（　　）

6. 在安装刀开关时需注意，手柄要向下，不得倒装或平装。（　　）

四、综合分析题

1. 什么叫作保护接零？采用保护接零应注意哪几点？

2. 图 3—9 中设备漏电，但漏电保护开关却不动作，试分析其接线有何错误？应当怎样改接才能保证安全？

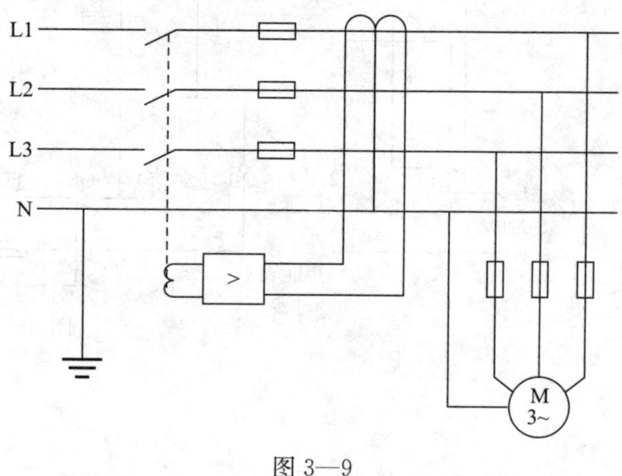

图 3—9

3. 图 3—10 所示为三相中性点不接地的供电线路。采用接地保护，为防止一线接地时不被发现，用三个电压表监视。若三相电源线电压为 380 V，正常时三个电压表读数各是多少？若 L2 线接地，电压表读数各有何改变？

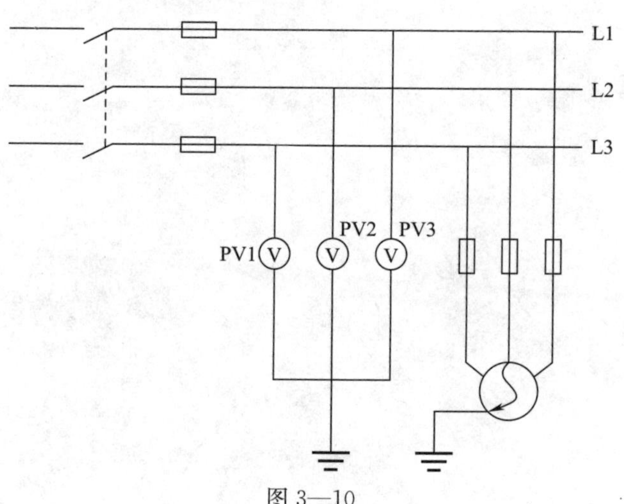

图 3—10

4. 图 3—11 所示为双控白炽灯电路工作原理图，请指出图中的错误并改正。

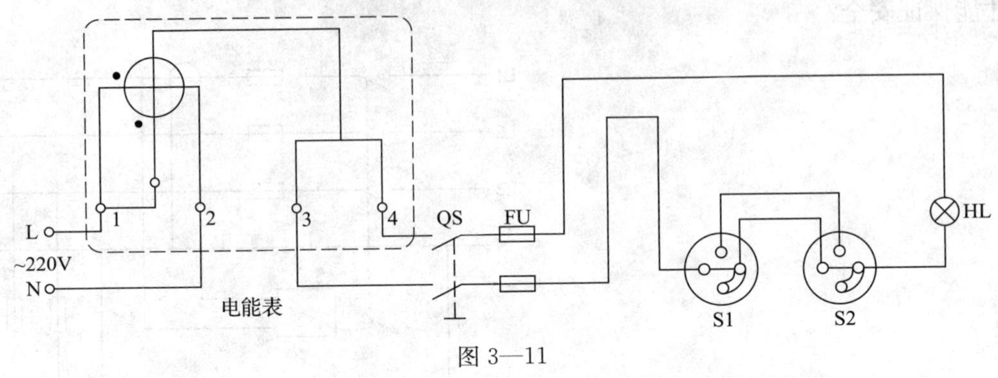

图 3—11

第四章　变压器与电动机

§4—1　磁场及电磁感应

一、填空题

1. 当两个磁极靠近时，它们之间会产生相互作用的力：同名磁极相互______，异名磁极相互______。

2. 磁体周围的空间中存在着一种特殊的物质——________。

3. 磁感线的方向定义为：在磁体外部由________指向__________，在磁体内部由________指向__________。磁感线是__________曲线。磁感线上任意一点的__________方向，就是该点磁场的方向。

4. 在磁场的某一区域里，如果磁感线是一些______________直线，这一区域称为均匀磁场。

5. 磁场中某一平面上所通过磁感线的数量称为____________，简称________，用符号______表示；磁通的单位是________，简称______。描述磁场中各点磁场强弱和方向的物理量叫作____________，用符号______示，单位为______。

6. 通常把通电导体在磁场中受到的力称为__________，通电直导体在磁场内的受力方向可用__________定则来判断。

7. 把一段通电导线放入磁场中，当电流方向与磁场方向________时，导线所受到的电磁力最大；当电流方向与磁场方向__________时，导线所受到的电磁力最小。

8. 在均匀磁场中放入一个线圈，当给线圈通入电流时，它就会__________，当线圈平面与磁感线平行时，线圈所产生转矩__________________；当线圈平面与磁感线垂直时，转矩________。

9. 这种________________________________现象称为电磁感应现象，产生的电流称为______________，产生感应电流的电动势称为________________。

10. 楞次定律的内容是____________的磁场总要____________引起感应电流的磁通量的变化，当线圈中磁通增加时，感应磁场的方向与原磁通的方向____________；当线圈中的磁通减少时，感应磁场的方向与原磁通方向__________。

11. 在电磁感应中，用________定律判别感应电动势的方向，用____________定律计算感应电动势的大小，其表达式为__________。

12. 当直导体的运动方向与磁感线垂直时，导体中感应电动势最______；当直导体的运动方向与磁感线平行时，导体中感应电动势为______。

13. 产生自感现象的原因是________________，自感电动势用符号______表示，自感电流用符号______表示。

14. 由于一个线圈中的电流产生变化而在__________中产生电磁感应的现象叫作互感现象。

15. 当两个线圈相互________时，互感系数最大；当两个线圈相互______时，互感系数最小。互感系数最大的情况也称__________。

16. 由于线圈的绕向__________而产生感应电动势______________的端子叫作同名端。

17. 有铁芯的线圈，其电感要比空心线圈的电感________。

18. 使原来没有磁性的物质具有磁性的过程称为________。只有________才能被________。

19. 当一个线圈的结构、形状、匝数都已确定时，线圈中_________________________可用磁化曲线来表示。

20. 铁磁材料一般可以分为________、________、________三大类。

二、选择题

1. 条形磁铁中，磁性最强的部位在（　　）。

A. 中间　　B. 两极　　C. 整体

2. 磁感线上任一点的（　　）方向，就是该点的磁场方向。

A. 指向 N 极　　B. 切线　　C. 直线

3. 将通电矩形线圈用线吊住并放入磁场，线圈平面垂直于磁场，线圈将（　　）。

A. 转动　　B. 向左或向右移动　　C. 不动

4. 如图 4—1 所示，通电导体向下运动的是（　　）。

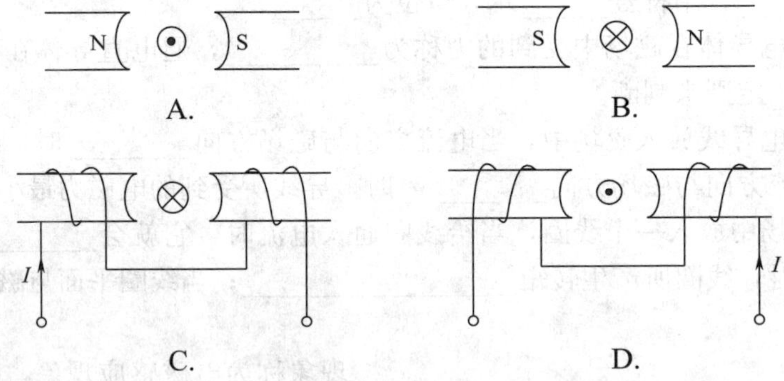

A.　B.

C.　D.

图 4—1

5. 法拉第电磁感应定律可以这样表述：闭合电路中感应电动势的大小（　　）。

A. 与穿过这一闭合电路的磁通变化率成正比

B. 与穿过这一闭合电路的磁通成正比

C. 与穿过这一闭合电路的磁感应强度成正比

D. 与穿过这一闭合电路的磁通变化量成正比

6. 运动导体在切割磁感线而产生最大感应电动势时，导体与磁感线的夹角为（　　）。

A. $0°$　　B. $45°$　　C. $90°$

7. 与电磁感应电动势有关的物理量是（　　）。

A. 在磁场中的导线长度　　B. 在磁场中导线的截面积

C. 导线总长　　D. 电阻

8. 当线圈中通入（　　）时，就会引起自感现象。

A. 不变的电流　　B. 变化的电流　　C. 电流

9. 线圈中产生的自感电动势总是（　　）。

A. 与线圈内的原电流方向相同

B. 与线圈内的原电流方向相反

C. 阻碍线圈内原电流的变化

D. 上面三种说法都不正确

三、判断题

1. 当磁通发生变化时，导线或线圈中就会有感应电流产生。（　　）
2. 线圈中的电流变化越快，则其自感系数就越大。（　　）
3. 自感电动势的大小与线圈的电流变化率成正比。（　　）
4. 空心线圈插入铁芯后电感变小。（　　）
5. 当结构一定时，铁芯线圈的电感是一个常数。（　　）
6. 通过线圈中的磁通越大，产生的感应电动势就越大。（　　）
7. 感应电流产生的磁通总是与原磁通的方向相反。（　　）
8. 左手定律既可以判断通电导体的受力方向，又可以判断直导体的感应电流方向。（　　）

四、综合分析题

1. 如图 4—2 所示，A、B 是两个用细线悬着的闭合铝环，在合上开关 S 的瞬间，试分析这两个铝环如何运动，并说明理由。

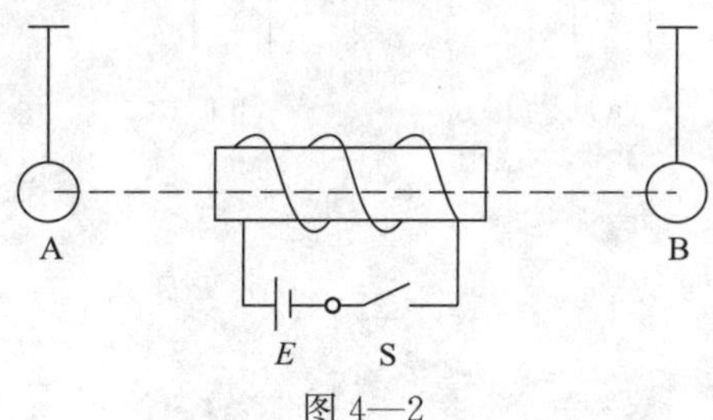

图 4—2

2. 判断图 4—3 中电流磁场的方向。

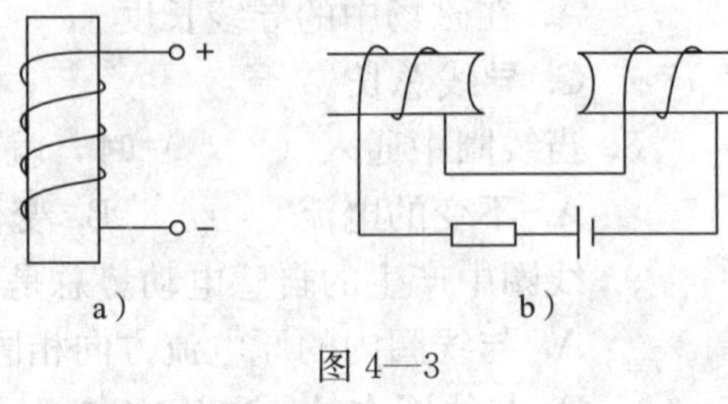

图 4—3

3. 标出图 4—4 中电源的正极和负极。

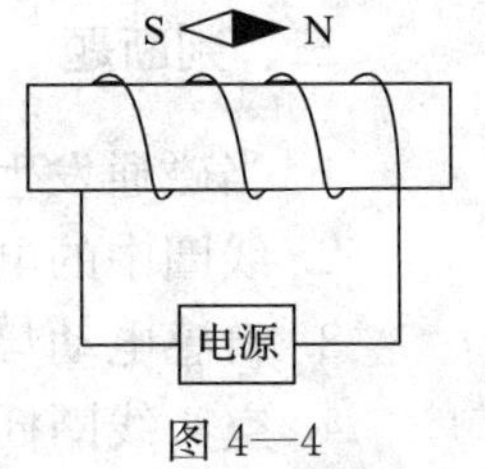

图 4—4

4. 标出图 4—5 中导体所受的电磁力的方向。

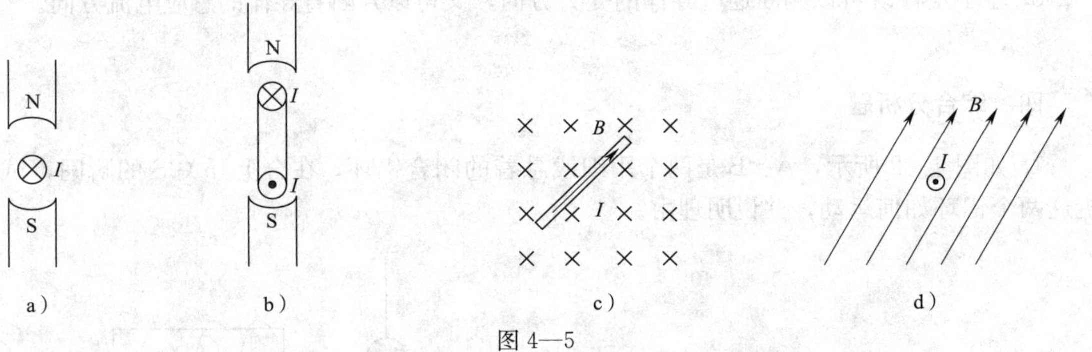

图 4—5

5. 如图 4—6 所示，在磁感应强度为 B 的磁场中垂直放置一根长为 5 m 的载流直导体，导体中的电流为 2 A，测得受到的电磁力为 2 N，试求：

（1）磁感应强度 B。

（2）标出电磁力的方向。

（3）若通入导体的电流为 0，则导体受到的电磁力为多少？该区域的磁感应强度为多少？

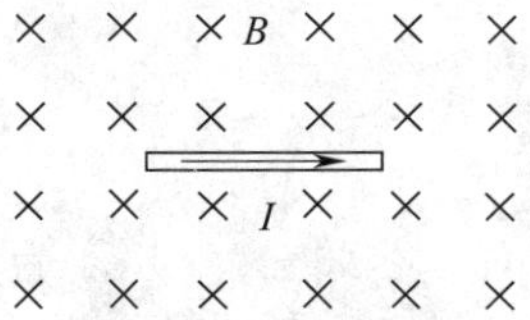

图 4—6

6. 如图 4—7 所示，已知导体 AB 在外力 F 作用下，在均匀磁场中做匀速运动，若 $B=0.5$ T，导体有效长度 $L=20$ cm，其电阻 $R_0=2$ Ω，运动速度 $v=15$ m/s，负载电阻 $R=18$ Ω，试求导体 AB 中的感应电动势和电流及负载两端的电压。

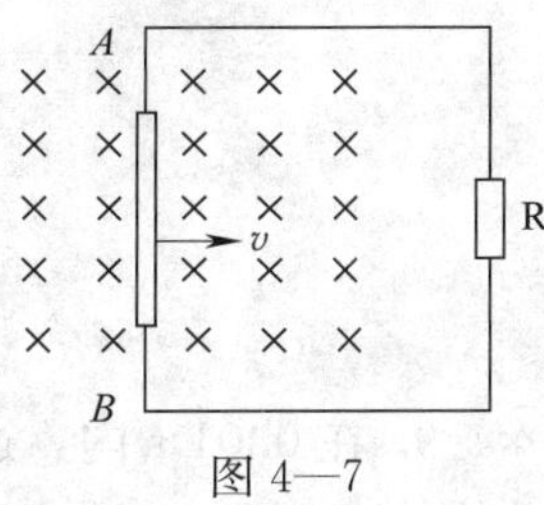

图 4—7

7. 电路如图 4—8 所示，当开关 S 闭合瞬间，检流计的指针是否偏转？并作出说明。

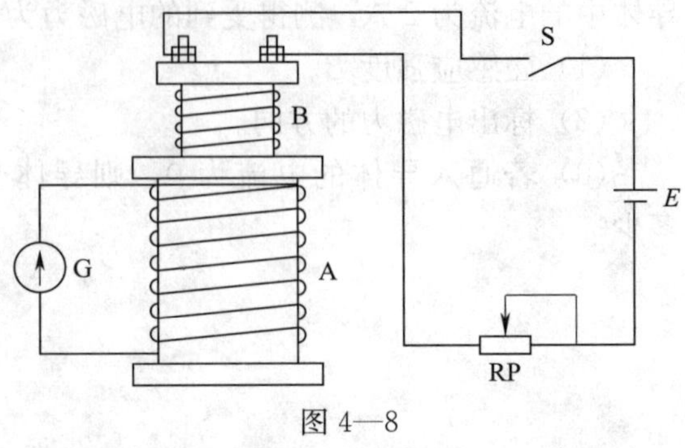

图 4—8

8. 图 4—9 所示为半导体收音机磁性线圈 L1、L2 及再生线圈 L3。试根据图示线圈的绕法标出它们的同名端。

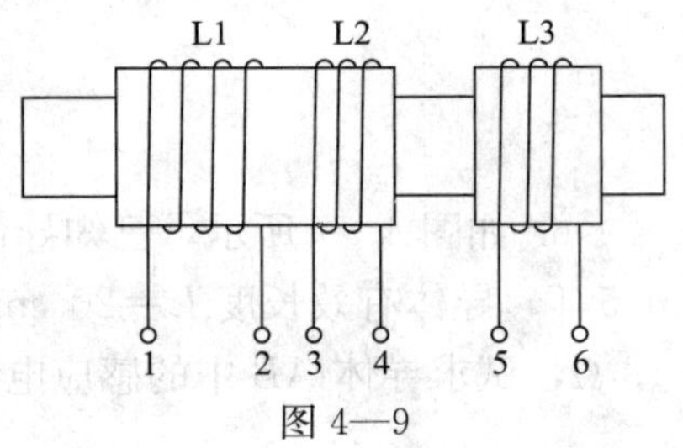

图 4—9

9. 在 0.01 s 内，通过一个线圈的电流由 0.2 A 增加到 0.4 A，线圈产生 5 V 的自感电动势，求：

(1) 线圈的自感系数 L 是多大？

(2) 如果通过该线圈的电流在 0.05 s 内由 0.5 A 增加到 1 A，产生的自感电动势又是多大？

§4—2 单相变压器和三相变压器

一、填空题

1. 变压器的主要功能是改变________，同时还可以起到改变________和变换________等作用。

2. 变压器的主要组成部分是______和________。__________帮助两侧绕组利用互感现象实现变压，同时也是变压器的骨架，通常由导磁性能较好又相互绝缘的__________叠合而成。

3. 绕组是变压器的__________部分，为了便于绝缘，通常将__________安装在靠近铁芯的内层，__________安装在外层。

4. 变压器工作时与电源连接的绕组称为______绕组，与负载连接的绕组称为______绕组。

5. 忽略绕组电阻和各种电磁能量损耗的变压器称为__________。

6. 在变压器的两组线圈中，接高压的线圈匝数______，导线______；而接低压的线圈匝数________，导线______。

7. 三相变压器按磁路系统可分为____________和______________。

8. 理想变压器一次、二次绕组端电压之比等于绕组的________，又称________。

二、选择题

1. 当变压器的二次绕组接上负载时，如果增大负载，则二次绕组电流 i_2（　　），一次绕组电流 i_1 也随着（　　）。

A. 增大　减小　　B. 减小　增大
C. 增大　增大　　D. 减小　减小

2. 变压器一次、二次绕组中不能改变的物理量是（　　）。

A. 电压　　B. 电流
C. 阻抗　　D. 频率

3. 用变压器改变交流阻抗的目的是（　　）。

A. 提高输出电压
B. 使负载获得更大的电流
C. 使负载获得最大功率
D. 为了安全

4. 如图 4—10 所示，连在三相交流电路中的各电阻分别为 R1、R2、R3、R4，变压器的变比均为 2∶1，这些电阻两端的电压大小按顺序排列（从大到小）应为（　　）。

A. R1、R2、R3、R3　　B. R4、R3、R2、R1
C. R4、R2、R3、R1　　D. R3、R1、R4、R2

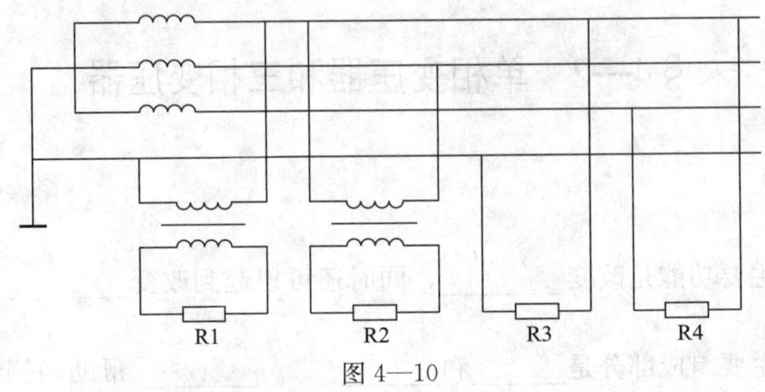

图 4—10

5. 在理想变压器中，当 $N_2=N_1$时，则 $U_2=U_1$，变压器变比为 1，称为（　　）。

A. 隔离变压器　　B. 降压变压器　　C. 升压变压器

三、判断题

1. 变压器是利用电磁感应原理制成的一种静止的交流电磁设备，它可以改变各种电源的电压。（　　）

2. 变压器只能传递电能而不能产生电能。（　　）

3. 作为升压用的变压器，其变比大于 1。（　　）

4. 同一台变压器中，匝数少、线径粗的是高压绕组；而匝数多、线径细的为低压绕组。（　　）

5. 当 $N_1<N_2$时，$U_1<U_2$，变压器使电压升高，这种变压器称为升压变压器。（　　）

四、综合分析题

1. 有一匝数很多的线圈，在不拆开线圈的情况下，如何用实验方法粗测其线圈的匝数？试说明你的实验方法和原理。

2. 有一信号源的电动势为 1 V，内阻为 600 Ω，负载电阻为 150 Ω。要使负载上获得最大功率，在信号源和负载之间接一匹配变压器，使变压器输入电阻等于信号源内阻，如图 4—11 所示，求变压器变比和一次、二次绕组电流。

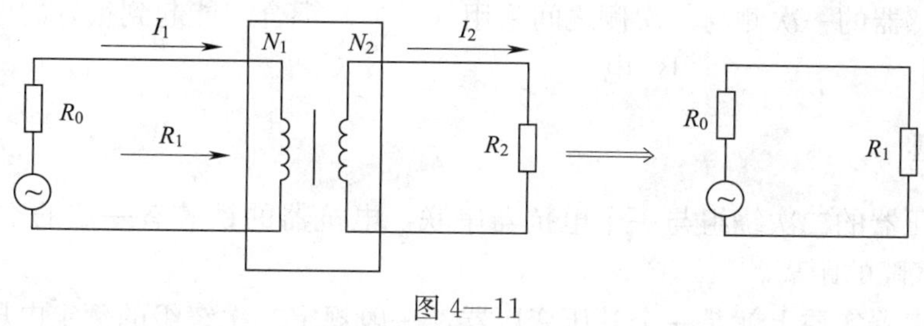

图 4—11

3. 一台手提式行灯变压器，铭牌上标有 100 V·A、220 V/24 V 等数据，求：

(1) 变比。

(2) 额定负载时的 I_1 和 I_2。

§4—3 特殊变压器

一、填空题

1. 普通变压器的一次绕组和二次绕组是________的，称为________________。如果把整个绕组作为______________，二次绕组只取__________的一部分，就成了____________。

2. 实验室常用的调压变压器就是一种____________，它是把线圈绕在__________上，转动________可移动二次绕组滑动触头的位置，以调节__________。

3. 电弧焊对电焊变压器的要求是：空载应有________的引弧电压，带载时二次电压应________，当焊条与焊件间产生电弧并稳定燃烧时，维持电弧的正常电压在______________。焊条与工件相碰瞬间，短路电流不能________，以免烧坏焊机。

二、选择题

1. 电弧焊对电焊变压器的要求是：空载应有（　　）V 的引弧电压。

A. 85～100　　B. 60～75　　C. 50～65

2. 一般规定电压互感器的二次绕组的额定电压为（　　）V。

A. 100　　B. 50　　C. 150

3. 仪用互感器的一次侧与二次侧之间采用（　　）耦合，能起到很好的电气隔离作用。

A. 线圈　　B. 电　　C. 磁

三、判断题

1. 电焊变压器的二次绕组与一个电抗器串联，电抗器的铁芯有一定的空气隙，转动螺杆可以改变空气隙的距离。（　　）

2. 电压互感器实质上就是一个升压变压器，一般规定二次绕组的额定电压为 100 V。（　　）

3. 仪用互感器是一种专供测量仪表、控制设备和保护设备中使用的变压器。（　　）

4. 常用的钳形电流表就是一种电压互感器。（　　）

四、简答题

1. 简述钳形电流表的使用方法。

2. 简述仪用互感器的作用。

§4—4　三相异步电动机

一、填空题

1. 三相异步电动机主要由________和________两个基本部分组成。

2. 定子是电动机静止部分，包括________、________和________，它的作用是产生________；转子是电动机的旋转部分，由________、________和________三部分组成，它的作用是________。

3. 旋转磁场的转速是由三相电源的__________和磁极__________决定的，用公式表示为__________。

4. 异步电动机转子的转速__________旋转磁场的转速，这是异步电动机工作的必要条件，也是“异步”两字的由来。

5. 有一台四极的三相异步电动机，在电流频率为 50 Hz 的条件下工作，定子绕组形成的旋转磁场的转速为__________，当转差率为 2%时，电动机的转速为__________。

二、选择题

1. 三相异步电动机旋转磁场的旋转方向是由三相电源的（　　）决定的。

A. 相序　　B. 相位　　C. 频率　　D. 幅值

2. 三相异步电动机中旋转磁场是由（　　）中三相交流电产生的。

A. 定子绕组　　B. 转子绕组

3. 所谓同步转速，就是（　　）。

A. 转子的转速　　B. 旋转磁场的转速　　C. 异步电动机的转速

4. 旋转磁场的转速与（　　）。

A. 电源电压成正比

B. 频率和磁极对数成正比

C. 频率成反比，与磁极对数成正比

D. 频率成正比，与磁极对数成反比

5. 三相异步电动机的转速总是（　　）电动机的同步转速。

A. 大于　　B. 小于　　C. 大于等于　　D. 小于等于

6. 如图 4—12 所示，欲将三相异步电动机定子绕组接成星形，正确的连接是（　　）。

7. 如图 4—12 所示，欲将三相异步电动机定子绕组接成三角形，正确的连接是（　　）。

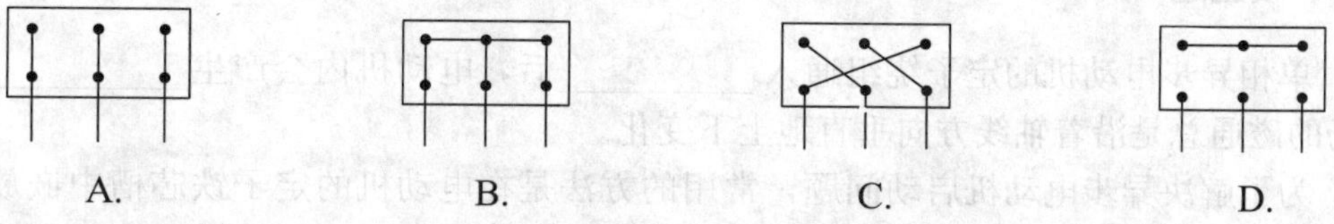

A.　　B.　　C.　　D.

图 4—12

三、判断题

1. 只要电动机的旋转磁场反转，电动机就会反转。（　　）

2. 当交流电频率一定时，异步电动机磁极对数越多，旋转磁场转速就越低。（　　）

3. 异步电动机的转速 n 等于旋转磁场转速 n_0 时，转子中即产生感应电流，电动机也就随之转动。（　　）

4. 额定功率 4.0 kW 是指电动机在额定状态下运行能输出的总功率为 4.0 kW。（　　）

5. 工作制 S1 表示电动机为连续工作制，即在额定状态下可连续工作。（　　）

四、简答题

简述异步电动机的工作原理，并说明“异步”两字的由来。

五、综合分析题

某三相异步电动机在额定状态下运行，转速是 1 430 r/min，电源频率是 50 Hz，求它的旋转磁场转速、磁极对数、额定转差率。

§4—5 单相异步电动机

一、填空题

1. 单相异步电动机的定子绕组通入__________后，电动机内会产生____________，这个磁场的磁通总是沿着轴线方向垂直地上下变化。

2. 为了解决异步电动机启动问题，常用的方法是在电动机的定子铁芯槽中嵌放两个绕组，一个是__________（也称主绕组），另一个是____________（也称副绕组），两者在空间互成______，在启动绕组中还串接一只____________。

3. 单相异步电动机的结构和三相笼型异步电动机相似，也有________和__________。

4. 单相异步电动机常采用______________、____________和____________的方法进行调速。

二、选择题

1. 单相异步电动机接线时，需正确区分工作绕组与启动绕组，如果出现标识脱落，则测得电阻大的为（　　）。

A. 工作绕组　　　　B. 启动绕组　　　　C. 主绕组

2. 改变单相电容启动异步电动机的转向，只要（　　）。

A. 一次绕组、二次绕组对调

B. 将电源的相线和零线对调

C. 一次绕组、二次绕组中任意一组首尾端对调

D. 启动绕组和工作绕组对调

3. 下面的单相异步电动机中，没有离心式开关的是（　　）。

A. 电容启动式　　B. 电容运行式　　C. 电阻启动式

三、判断题

1. 单相异步电动机可自行启动。（　　）

2. 单相异步电动机启动后，去掉启动绕组将会停止。（　　）

3. 若要使单相异步电动机反转，就必须使旋转磁场反转。（　　）

四、简答题

1. 单相异步电动机为何不能自行启动？

2. 三相交流电源有一相线断开后，运行中的三相异步电动机能否继续运行？原来静止的三相异步电动机能否启动？

§4—6　特种电动机

一、填空题

1. 直线电动机是一种将________直接转换成____________________，而不需要任何中间__________的传动装置。

2. 直线电动机控制技术可以分为两个方面：一是____________，如 PID 反馈控制、解耦控制等；二是____________，如自适应控制、滑模变结构控制及智能控制等。

3. 伺服电动机在自动控制系统中用作__________，又称__________。

4. 交流伺服电动机的定子铁芯的圆周上有两个对称绕组，一个称为__________，与交流电源连接，由固定电压励磁；另一个称为__________，接在伺服放大器的输入信号电压端，所以交流伺服电动机又称为________________。

5. 当伺服电动机在伺服控制系统中工作时，励磁绕组 L_L 连接＿＿＿＿＿＿，通过改变＿＿＿＿＿＿＿＿＿来控制转子的转动。

6. 交流伺服电动机的定子绕组多制成＿＿＿，它们在空间相差＿＿＿电角度。

7. 步进电动机是将＿＿＿＿＿转变为＿＿＿＿＿＿的开环控制电动机。

8. 步进电动机驱动器由＿＿＿＿＿＿、＿＿＿＿＿＿、＿＿＿＿＿等组成。

9. 步进电动机主要由＿＿＿＿＿＿＿等构成。一般定子相数为＿＿＿＿＿，每相两个绕组套在一对定子磁极上，称为＿＿＿＿＿，转子上是＿＿＿＿＿＿。

10. 在步进电动机的运行过程中，我们把由一种通电状态转换到另一种通电状态称为＿＿＿＿＿，每一拍转子转过的角度称为＿＿＿＿＿＿。

二、选择题

1. 高速磁悬浮列车的推进电动机是（　　）。

A. 直线电动机　　B. 伺服电动机　　C. 步进电动机

2. 以下控制方法中，（　　）不是交流伺服电动机的控制方法。

A. 幅值控制　　B. 相位控制

C. 驱动器控制　　D. 幅一相控制

3. 在运行过程中，电动机动作按照“节拍”进行的是（　　）。

A. 直线电动机　　B. 伺服电动机　　C. 步进电动机

三、简答题

1. 简述直线电动机的工作原理。

2. 交流伺服电动机的控制方法有哪几种？

3. 根据图 4—13 简要说明三相反应式步进电动机的工作原理。

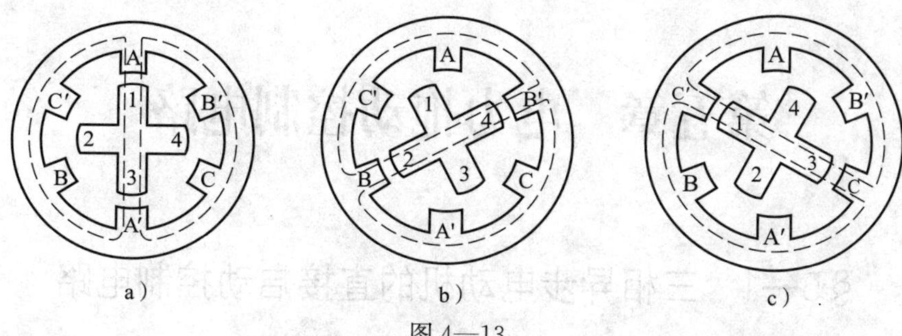

图 4—13

第五章　电力拖动控制电路

§5—1　三相异步电动机的直接启动控制电路

一、填空题

1. 通常当电动机容量小于________或容量不超过电源变压器容量的__________时，才允许直接启动。

2. 铁壳开关主要由__________、__________、__________、__________和外壳等组成。

3. 开启式负荷开关接线时应把__________接在静触头一边的进线端，__________接在动触头一边的出线座。

4. 电气控制原理图是采用国家标准统一规定的__________和__________来表明各种电气元件连接关系、工作原理的示意图。

二、选择题

1. 开启式负荷开关应（　　）。

   A. 竖直安装

   B. 水平安装

   C. 随便

2. 组合开关不能用作（　　）。

   A. 电源的引入开关

   B. 照明电路的控制开关

   C. 大型电动机的控制开关

   D. 小型的不频繁启停与正反转的异步电动机的控制开关

三、综合分析题

请将图 5—1 中的低压电器结构名称补充完整，并画出它的图形符号，写上文字符号。

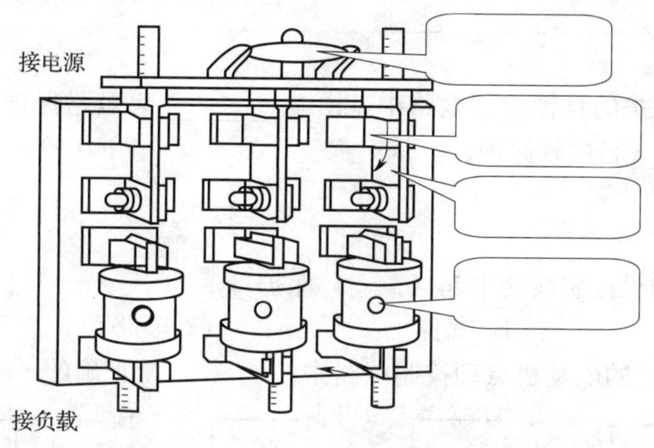

图 5—1

§5—2　三相异步电动机的点动与连续运行控制电路

一、填空题

1. 断路器又称__________或__________，在断路器的保护装置中，电磁脱扣器用作__________，欠电压脱扣器用作__________，热脱扣器用作__________。

2. 按钮按静态（不受外力作用）时触点的分合状态，可分为__________、__________和__________。

3. 当按下复合按钮时，__________触点先__________，__________触点再__________；松开后，__________触点先__________，__________触点再__________。

4. 接触器是用来接通或分断__________________的控制电器。

5. 按住按钮电动机就运转，松开按钮电动机就停转，这样的控制电路称为____________________。

6. 热继电器是利用__________对电动机或其他用电设备进行__________（和缺相保护）的控制电器。

7. ____________________称为自锁，与启动按钮__________联的接触器常开辅助触点称为自锁触点。

8. ____称为零压保护。

9. 在具有过载保护的自锁控制电路中，由__________起短路保护，由__________起零压保护，由__________起过载保护。

二、选择题

1. 熔断器在电动机控制线路中起（　　）保护。

A. 过流　　B. 短路　　C. 断路

2. 在图 5—2 所示的电动机点动控制电路中，（　　）是正确的。

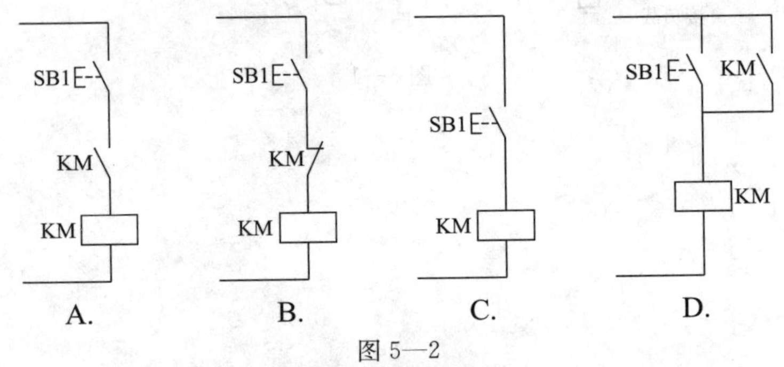

图 5—2

3. 热继电器在电动机控制线路中的正确接法是（　　）。

A. 热元件串联在主电路中，常闭触点串联在控制电路中

B. 热元件串联在主电路中，常闭触点并联在控制电路中

C. 热元件并联在主电路中，常闭触点串联在控制电路中

4. 在图 5—3 所示控制电路中，按下 SB2 后，接触器将（　　）。

A. 吸合　　B. 不吸合

C. 不停地吸合与释放　　D. 吸合后马上释放

5. 在图 5—4 所示电路中，对三相电动机的控制功能是（　　）。

A. 只能连续运行　　B. 只能点动

C. 既能点动又能连续运行

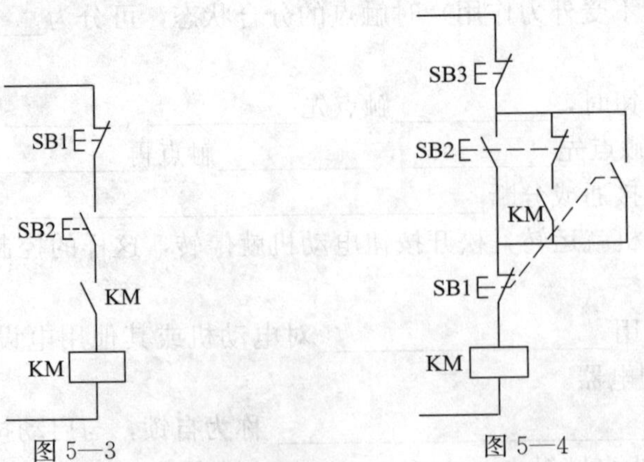

图 5—3　　图 5—4

6. 电动机控制线路中零压保护的目的是（　　）。

A. 保护电动机不被烧毁

B. 保护电源不被短路

C. 保护工作人员不致触电

D. 当电网突然停电又送电时，电动机不会自行启动，保证生产机械、工件不受损坏和操作者的人身安全

三、判断题

1. 按钮只用来发出指令信号去控制接触器、继电器等电器，再由它们去控制主电路。（　　）

2. 熔断器中熔丝越粗，熔断电流越大。（　　）

3. 按下复合按钮时，常开触点先闭合，常闭触点再断开。（　　）

四、综合分析题

1. 将图 5—5 中的低压电器结构名称补充完整。

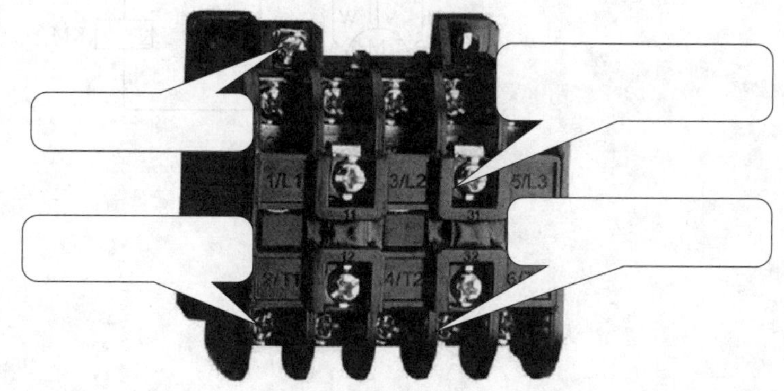

图 5—5

2. 在图 5—6 所示自锁控制电路中，试分析错误及运行时出现的现象，并加以改正。

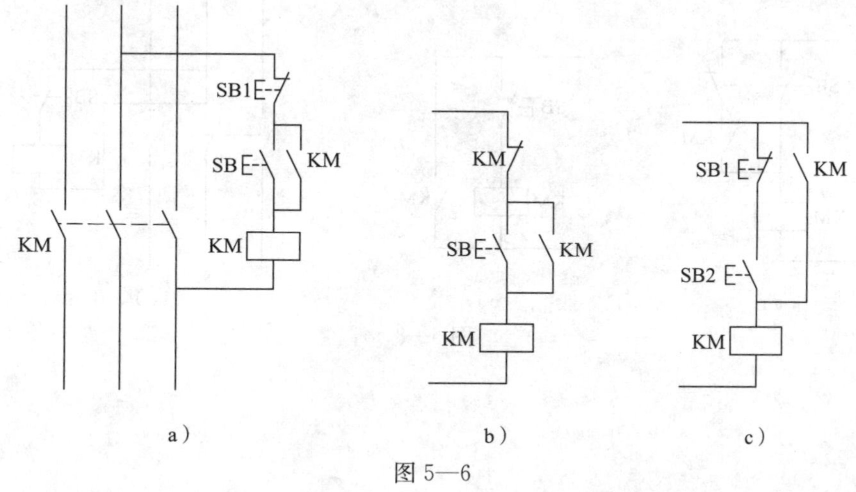

图 5—6

3. 图 5—7 所示控制电路中有些地方画错了，试加以改正。改正后指出图中各低压电器元件的名称。

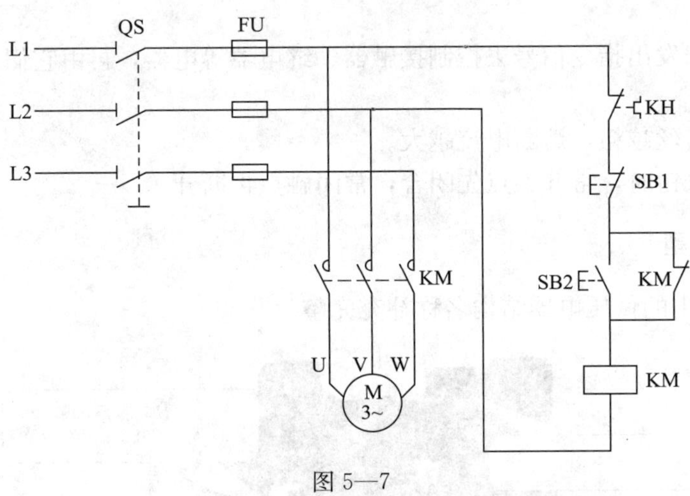

图 5—7

4. 什么是点动控制？试分析图 5—8 所示的各电路能否实现点动控制，若不能，试分析原因，并加以改正。

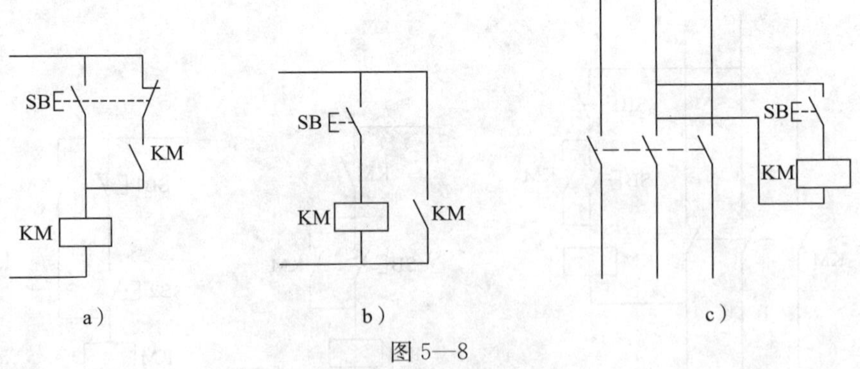

图 5—8

§5—3　三相异步电动机的正反转控制电路

一、填空题

1. 在接触器联锁正反转控制电路中，把控制正转接触器的______辅助触点______接在控制______转接触器线圈的电路中，把控制反转接触器的______辅助触点______接在控制______转接触器线圈的电路中。两接触器相互制约，保证不会同时通电。这一作用称为______。

2. 除了用接触器常闭辅助触点作电气联锁外，还增用复合按钮的______触点作电气联锁，这种控制电路称为______的正反转控制电路。

3. 要使三相异步电动机反转，就必须改变通入电动机定子绕组的三相电流的______，即把接入电动机三相电源进线中的______即可。

4. 图 5—9 所示为倒顺开关正反转控制线路。当倒顺开关 QS 处于“停”位置时，QS 的动、静触点______，电动机不转；当手柄扳至“顺”位置时，QS 的动触点和左边的静触点相接触，输入电动机定子绕组的电源相序为______，电动机______；当手柄扳至“倒”位置时，QS 的动触点和右边的静触点相接触，输入电动机定子绕组的电源相序为______，电动机______。

图 5—9

5. 对照图 5—10 所示电路原理图，补全工作原理。

（1）正转控制

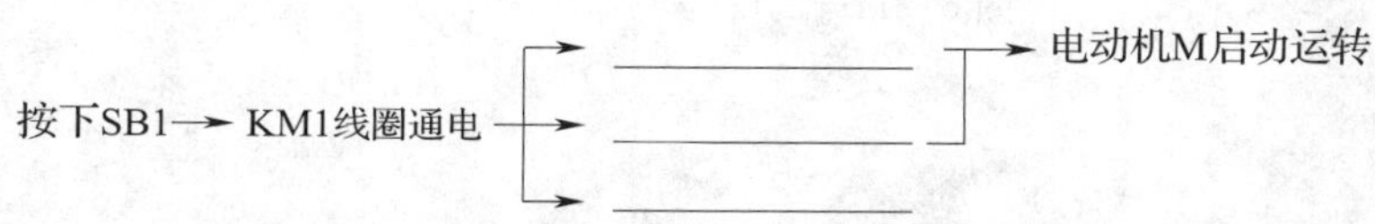

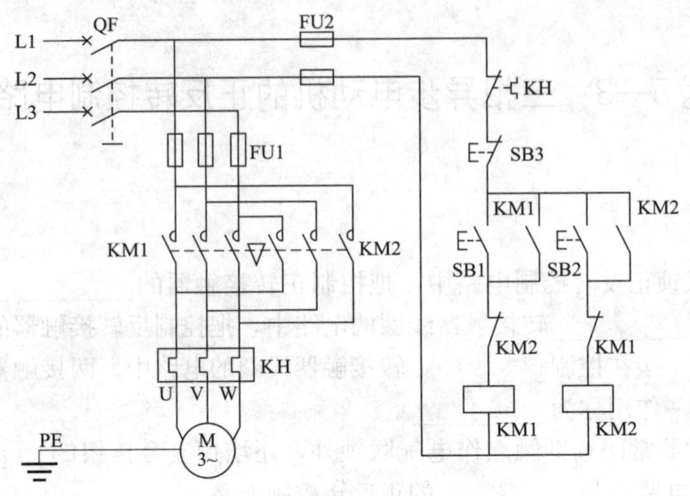

图 5—10

（2）反转控制

按下SB3→KM1线圈断电→KM1主触点分断→电动机M断电停转；→______；→______

按下SB2→KM2线圈通电→KM2主触点闭合→电动机M通电反转；→______；→______

6. 行程开关又称________，它是利用生产机械某些运动部件的________使触点动作，对电路实现________或________；当运动部件一离开，其触点自动还原到________。

7. 行程开关的动作方式可分为________、________和________。

8. 将图 5—11 中低压电器结构名称补充完整。

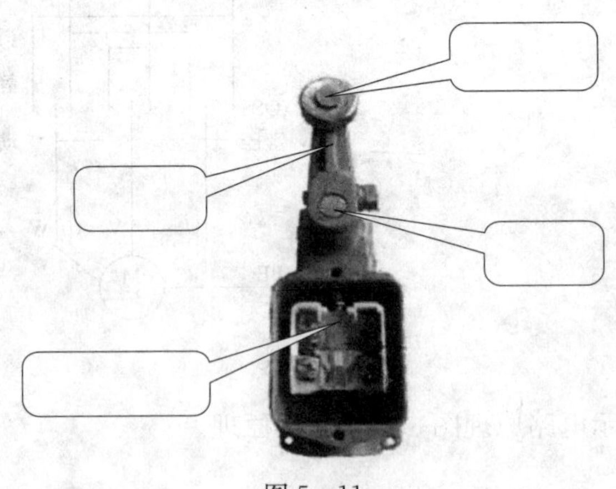

图 5—11

二、选择题

1. 在图 5—12 中，正反转控制线路的主触点接法正确的电路是（　　）。

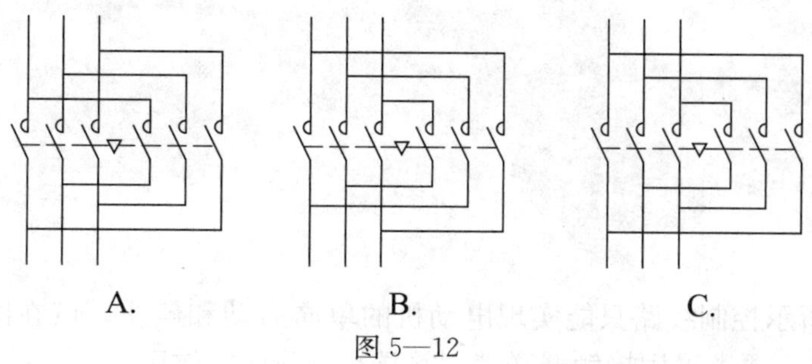

图 5—12

2. 在接触器联锁正反转控制线路中，为避免两相电源短路事故，必须在正反转控制电路中分别串接（　　）。

A. 联锁触点

B. 自锁触点

C. 主触点

3. 某电动机需实现正转和限位控制，图 5—13 所示为 4 种控制电路，设计正确的是（　　）。

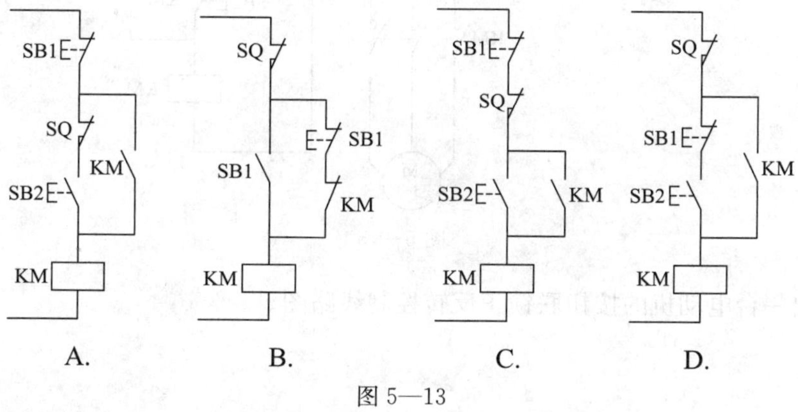

图 5—13

三、综合分析题

1. 图 5—14 所示为三种正反转控制电路图，试分析各电路能否正常工作。若不能正常工作，请指出原因，并改正过来。

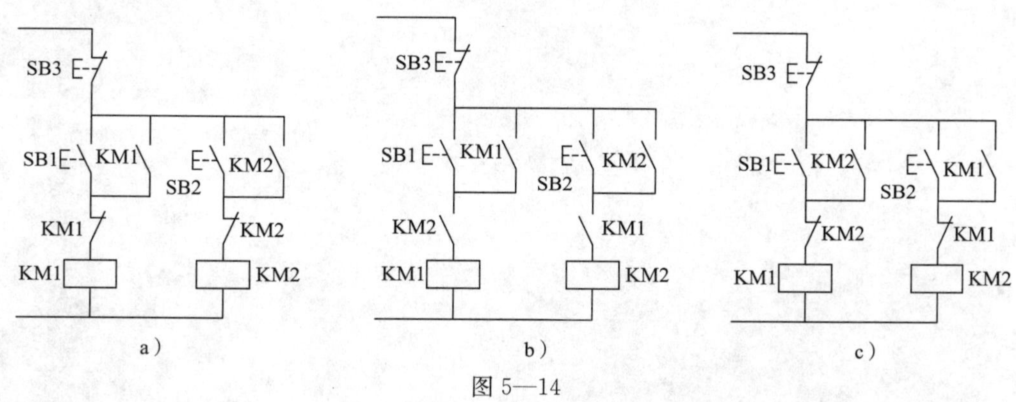

图 5—14

2. 图 5—15 所示控制线路只能实现电动机的单向启动和停止，试在图中填画出使电动机反转的控制线路，要求采用接触器联锁，并具有过载保护作用。

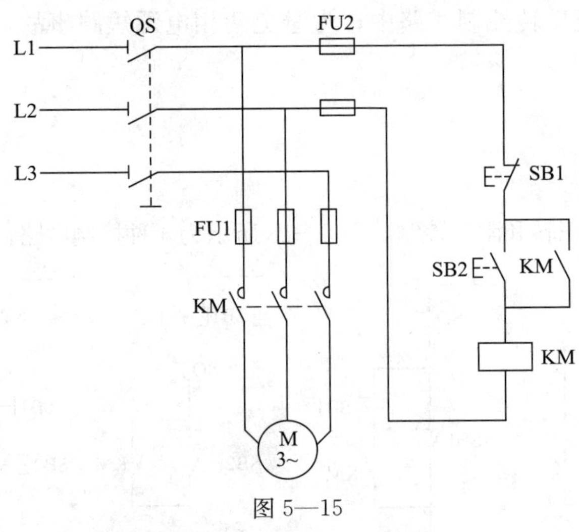

图 5—15

3. 试画出一台电动机的按钮联锁正反转控制线路图。

4. 图 5—16 所示为工作台自动往返行程控制线路的主电路，要求：

（1）补画出控制电路。

（2）说明 4 个位置开关的作用。

（3）说明该电路具有哪些保护功能。

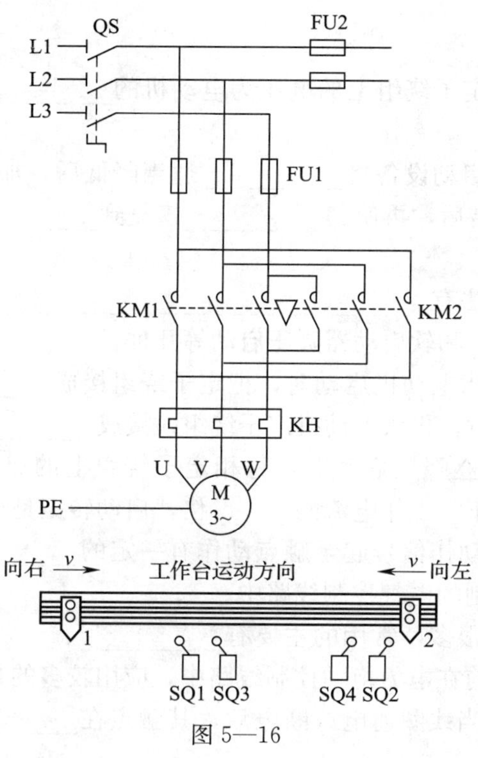

图 5—16

§5—4　三相异步电动机的降压启动控制电路

一、填空题

1. 启动时加在电动机定子绕组上的电压为电动机的___________，这种启动方式称为全压启动，也称直接启动。

2. 降压启动是指利用启动设备将_________适当降低后，加到电动机的定子绕组上进行启动，待电动机启动运转后，再使其_________恢复到_________正常运转。降压启动的目的是_______________。

3. 常见的降压启动方法有___________________________、__________________________、___________和软启动器降压启动等几种。

4. Y－△降压启动是指电动机启动时，把定子绕组接成_______形降压启动；待电动机转速上升并接近额定值时，再将电动机定子绕组改接成_______形全压正常运行。

5. 异步电动机作 Y－△降压启动时，每相定子绕组上的启动电压是正常工作电压的_______倍，启动电流是正常工作电流的_____倍，启动转矩是正常工作转矩的_____倍。

6. 时间继电器自得到动作信号起至触点动作有一定的_______，因此广泛用于需要按_______顺序进行自动控制的电气控制线路中。

7. 时间继电器的种类很多，常用的主要有_________、___________、___________和_________等类型，目前在电力拖动控制线路中，应用较多的是_________时间继电器。

8. 时间继电器是一种当线圈通电或断电后，其触点在______________________________才动作的控制电器。

9. 目前常见的软启动器根据控制原理可分为________、________；根据电压可分为___________________、___________________；根据介质可分为___________________、___________________。

10. 脉冲冲击启动适用于_________并需克服较大_________的启动场合。

二、判断题

1. 由于直接启动所用电气设备少，线路简单，维修量较小，故电动机一般都采用直接启动。（　　）

2. 由于降压启动将导致电动机的启动转矩大为降低，故降压启动需要在空载或轻载下进行。（　　）

3. 凡是在正常运行时定子绕组三角形连接的异步电动机，均可采用 Y－△降压启动。（　　）

4. 采用 Y－△降压启动的电动机需要有 6 个出线端。（　　）

5. 降压启动有几种方法，其中 Y－△降压启动可适用于任何电动机。（　　）

6. 时间继电器金属底板上的接地螺钉必须与接地线可靠连接。（　　）

7. 对于晶闸管交流调压器，通过改变晶体管的触发角，就可调节晶闸管调压电路的输

出电压。 (　　)

8. 一台软启动器只能对一台电动机进行软启动。 (　　)

三、综合分析题

试写出以下符号所表示的时间继电器元件的名称。

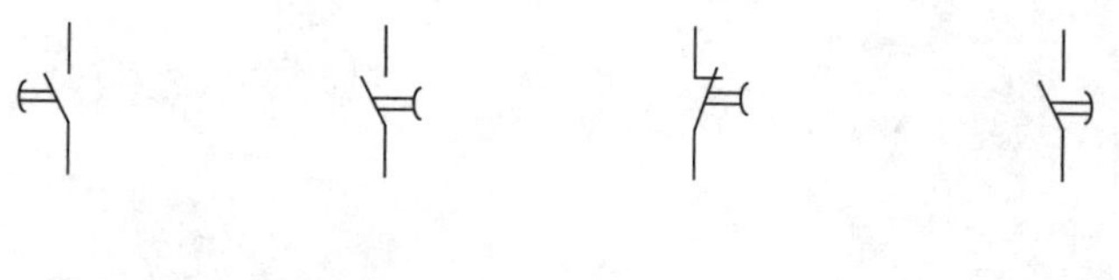

________　________　________　________

§5—5　三相异步电动机的调速控制电路

一、填空题

1. 三相异步电动机的调速方法有三种：一是改变____________调速，二是改变____________调速，三是改变____________调速。

2. 改变异步电动机的____________调速称为变极调速。变极调速是通过改变电动机____________的连接方式来实现的。

3. ____________可改变的电动机称为多速电动机。常见的多速电动机有__________、__________、__________等几种类型。

4. 双速异步电动机的定子绕组共有__________个出线端，可作__________和__________两种连接方式，电动机低速时定子绕组接成__________形，高速时定子绕组接成__________形。

5. 变频器有____________变频器和______________变频器两大类，目前几乎都是采用______________型变频器。

6. 通过改变________________而使转速平滑变化的方法称为变频调速，对交流电动机实现变频调速的装置称为__________。

7. 为了节能，空调也采用____________技术。

二、选择题

1. 双速电动机高速运转时，定子绕组出线端的连接方式应为（　　）。
   A. U1、V1、W1 接三相电源，U2、V2、W2 空着不接
   B. U2、V2、W2 接三相电源，U1、V1、W1 空着不接
   C. U2、V2、W2 接三相电源，U1、V1、W1 并接在一起
   D. U1、V1、W1 接三相电源，U2、V2、W2 并接在一起

2. 双速电动机高速运转时的转速是低速运转转速的（　　）倍。
   A. 1　　　　B. 2　　　　C. 3

三、简答题

1. 什么是正弦脉宽调制（SPWM）变频技术？

2. 变频器的故障显示方式有哪几种？

四、综合分析题

在横线上标注出端子的名称。

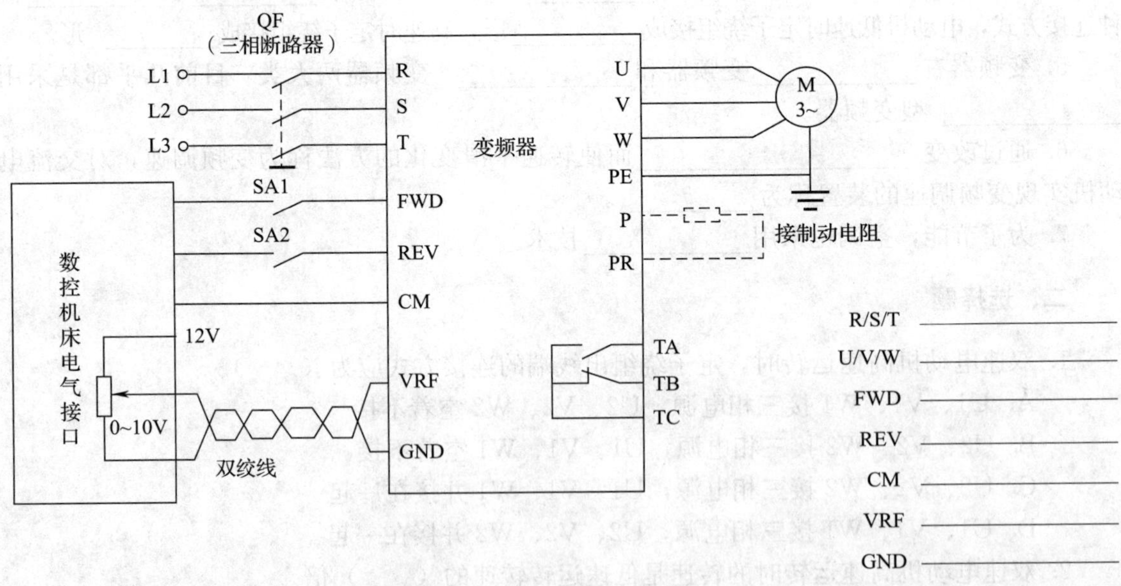

图 5—17

§5—6　三相异步电动机的制动控制电路

一、填空题

1. 速度继电器是一种反映____________的继电器，它常用在______________电路中。

2. 速度继电器的转子应与电动机的转子安装在____________上，其常开触点应________接在被控电路的接触器线圈回路中。

3. 机械制动是指电动机切断电源后，利用_____________使其迅速停转，目前使用较多的___________________。

4. 电力制动是在电动机断电过程中，通过线路的转换来改变供电条件，使其产生与实际运转方向__________的__________转矩，常用的方法有__________和__________。

二、选择题

1. 三相笼型异步电动机采用反接制动时，是通过（　　），使定子绕组产生反向旋转磁场，从而使转子产生一个与原转矩相反的电磁转矩，以实现制动。

A. 接入直流电　　B. 接入单相交流电　　C. 改变三相电源相序

2. 在电气制动中，需要使用速度继电器实现制动控制的是（　　）。

A. 反接制动　　B. 能耗制动　　C. 再生制动

3. 制动过程中不受控的是（　　）。

A. 反接制动　　B. 能耗制动　　C. 再生制动

三、综合分析题

1. 对照图 5—18，补充工作原理，并回答 KT 瞬时闭合常开触点的作用是什么。

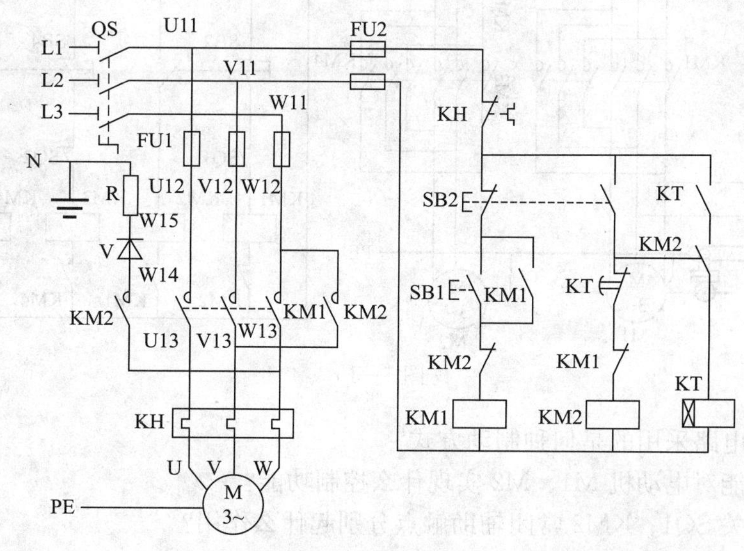

图 5—18

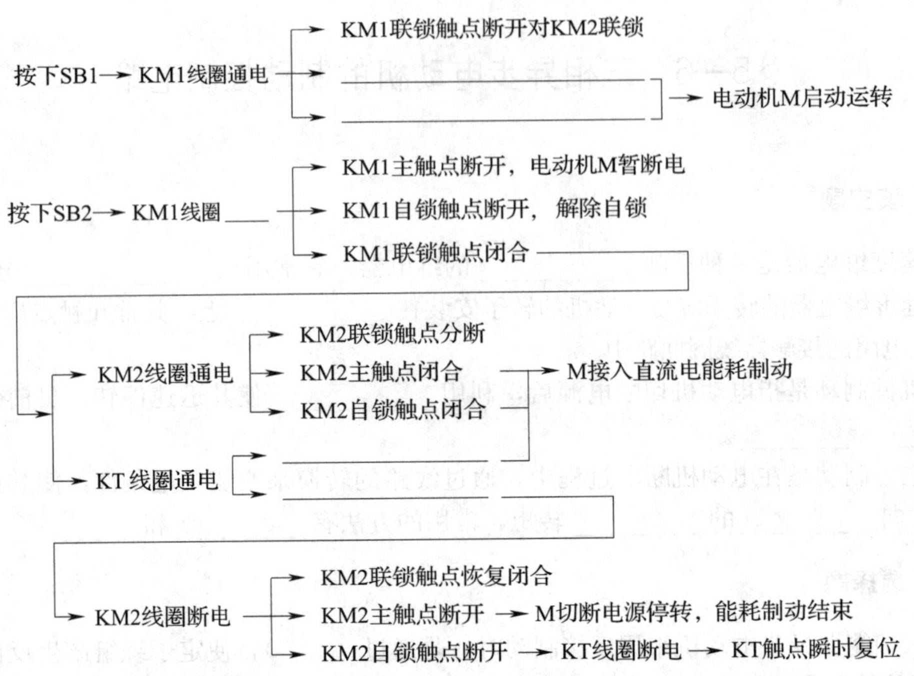

2. 图 5—19 所示为电动葫芦控制电路，试回答下列问题。

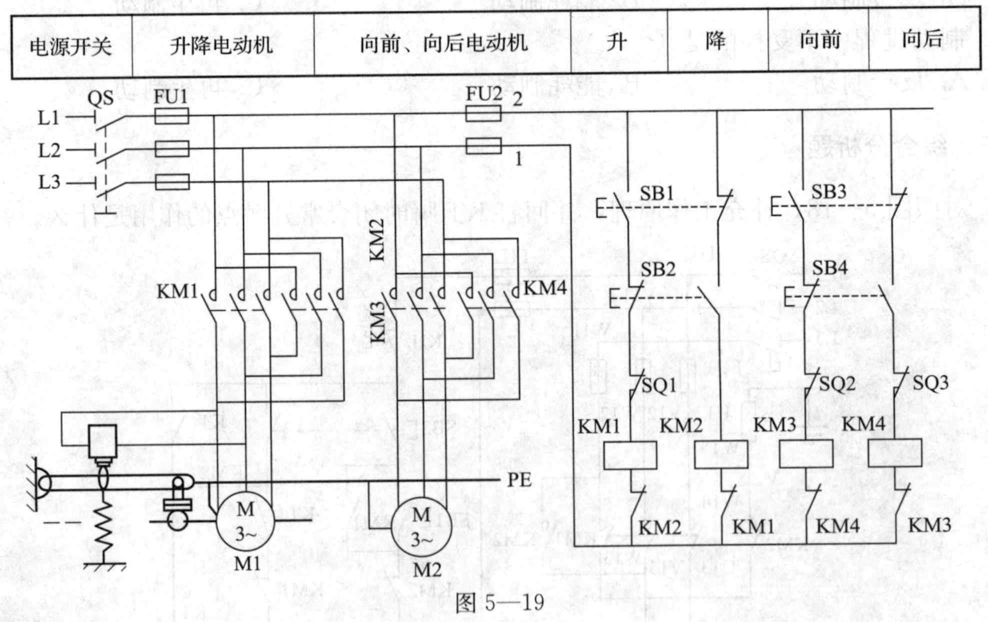

图 5—19

(1) 该控制电路采用的是何种制动方式？

(2) 该电路能对电动机 M1、M2 实现什么控制功能？

(3) 限位开关 SQ1、KM2 常闭辅助触点分别起什么作用？

§5—7 普通机床典型控制电路分析

一、填空题

1. 电气控制线路图一般有三种：____________、______________和____________。

2. 机床电气电路图分析的一般步骤为：先____________，再看__________，最后看____________。

3. 分析主电路时，分析每一台电动机由哪个______________来控制，电路中有哪些____________、____________和____________。读图时应结合图上部____________和____________来进行分析。

4. 分析控制电路时，先分析局部电路的______________，再分析它们之间的____________，进而了解______________的原理。对于不熟悉的控制电路，可以先从____________开始。

5. 根据图 5—20 填空。

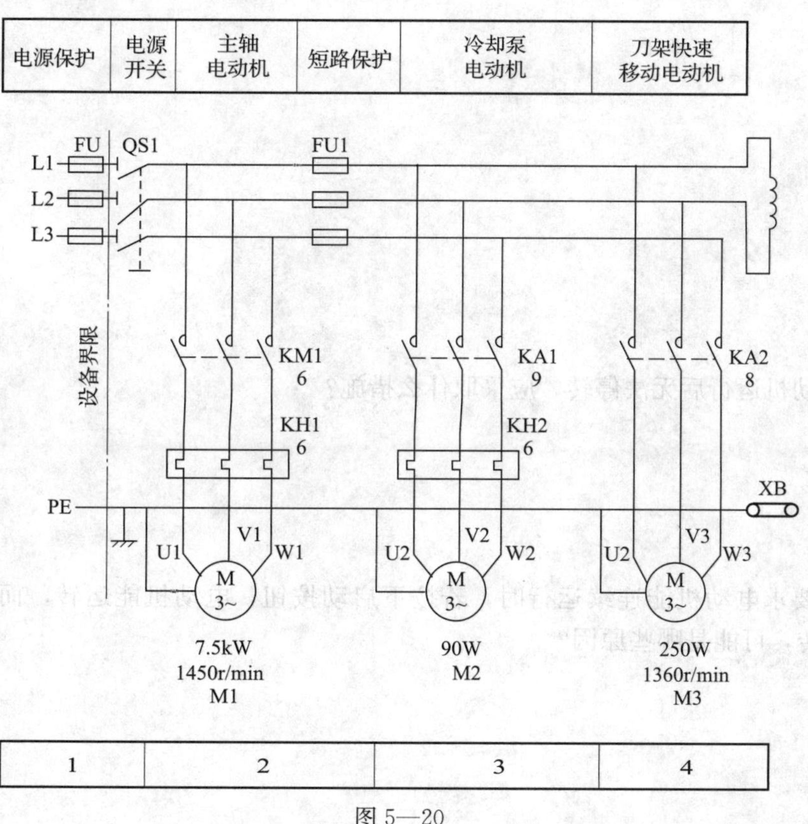

图 5—20

(1) 主轴电动机 M1：由____________控制，带动主轴旋转和驱动刀架进给运动，由____________和____________作为短路保护，______________作为过载保护，

__________作为欠零压保护。

（2）冷却泵电动机 M2：由于容量不大，所以用______________控制，为切削加工过程中提供冷却液，由______________作为过载保护。

（3）刀架快速移动电动机 M3：采用________控制，由于是点动控制短时工作制且容量不大，故也用______________控制且未设过载保护，熔断器 FU1 为________和________作短路保护。

二、综合分析题

1．说明图 5—21 中在线圈符号下方所作标记的含义。

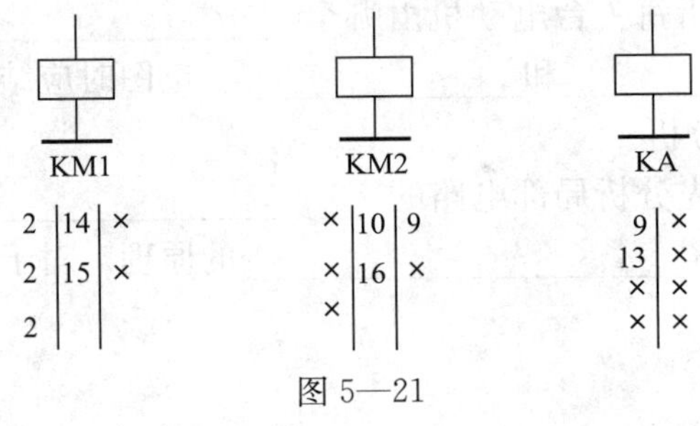

图 5—21

2．若电动机运行后无法停转，应采取什么措施？

3．对于要求电动机能连续运行时，若按下启动按钮，电动机能运转，而松开按钮后，电动机就停转，可能是哪些原因？

4. 生产过程中发现熔断器熔体经常熔断，可能是哪些原因？

5. 当工作机械的电动机过载而自动停车后，操作者立即按启动按钮，但未能启动电动机，最大可能的原因是什么？

6. 指出图 5—22 中的错误并改正过来。

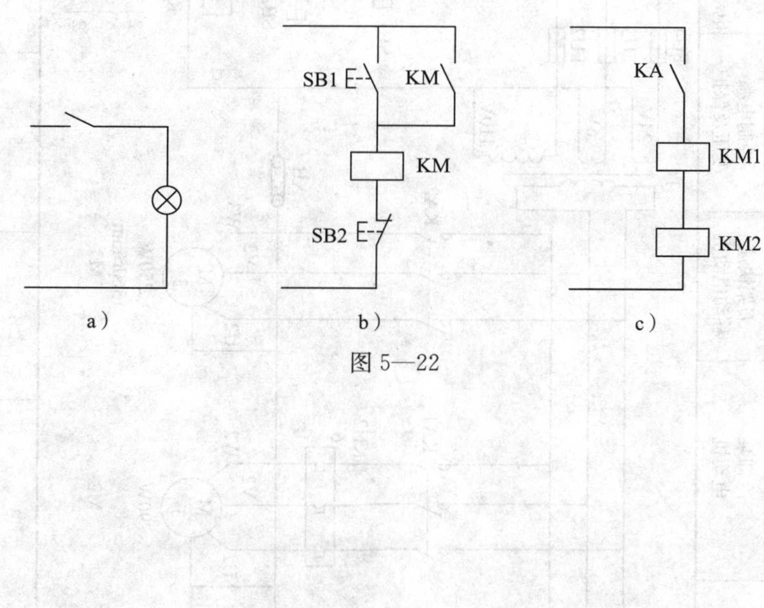

图 5—22

7. 根据图 5—23 所示某车床电气原理图，回答下列问题：

（1）为什么刀架快速移动电动机 M3 未设过载保护？

（2）若照明灯不亮，按顺序说出应检查哪些电器元件。

（3）若主电动机只能点动，无法连续工作，故障的原因是什么？

（4）若按下 SB1 时，主电动机不停止运行，故障的原因是什么？应采取什么措施？

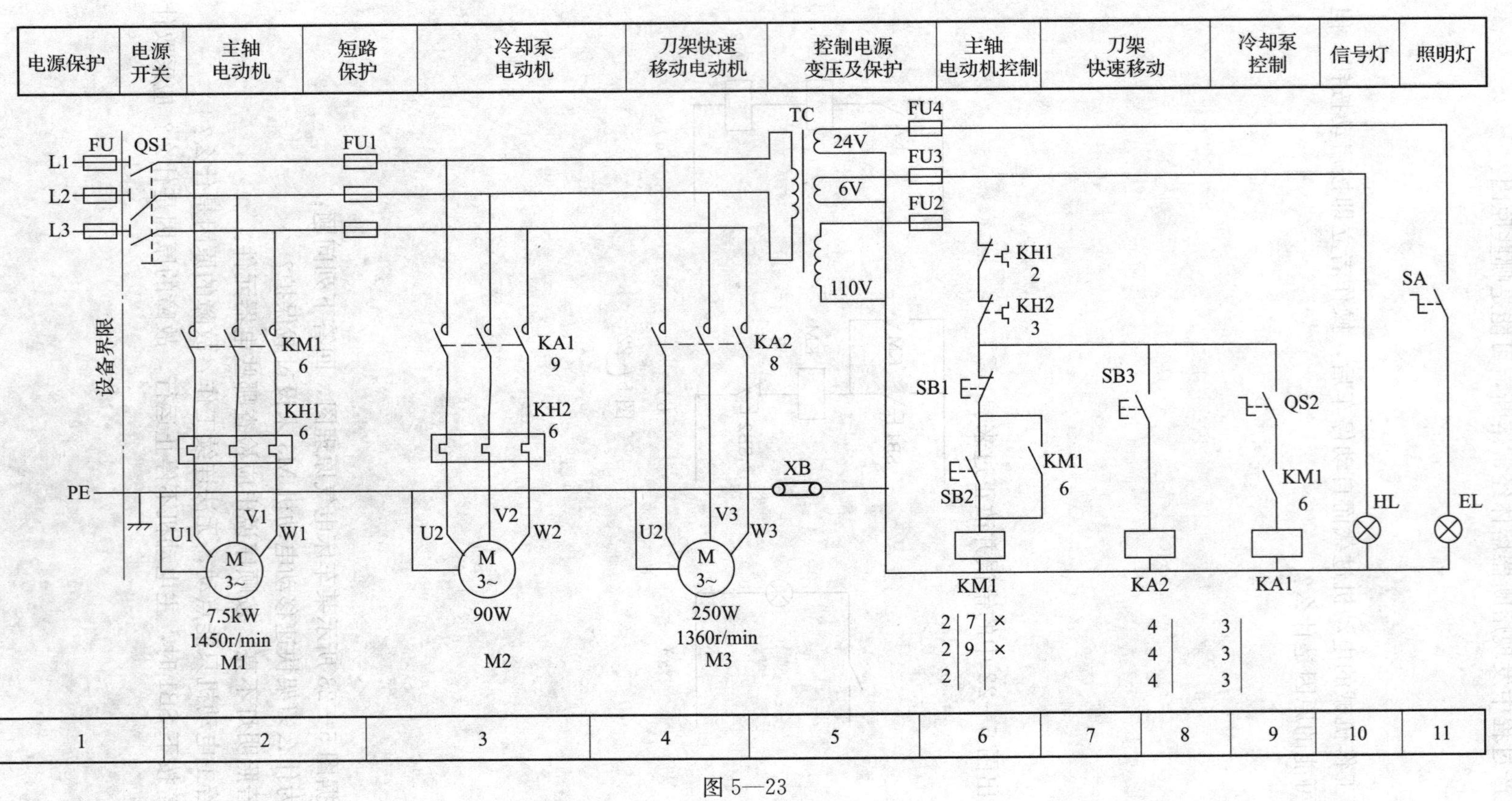

电源保护
电源开关
主轴电动机
短路保护
冷却泵电动机
刀架快速移动电动机
控制电源变压及保护
主轴电动机控制
刀架快速移动
冷却泵控制
信号灯
照明灯
L1
L2
L3
FU
QS1
FU1
设备界限
PE
KM1 6
KH1 6
KA1 9
KH2 6
KA2 8
U1 V1 W1
U2 V2 W2
U2 V3 W3
M 3~
7.5kW 1450r/min M1
90W M2
250W 1360r/min M3
XB
TC
24V
6V
110V
FU4
FU3
FU2
KH1 2
KH2 3
SB1
SB2
KM1 6
KM1
SB3
KA2
QS2
KM1 6
KA1
SA
HL
EL
2 | 7 ×
2 | 9 ×
2 |
4 | 3
4 | 3
4 | 3
1 2 3 4 5 6 7 8 9 10 11

图 5—23

§5—8　可编程控制器

一、填空题

1. PLC的硬件组成与微型计算机相似，其主要由__________、________、__________、__________等几大部分组成。根据用户需要，还可配备其他外部设备，如__________、__________、__________等。

2. PLC的内部元件虽然也使用触点和线圈，但这些触点和线圈只不过是假想的，它们的作用必须通过______________来实现，故称__________。

3. PLC可根据负载要求选择不同输出方式。如果PLC采用晶体管输出，只能接______________；如果PLC采用晶闸管输出，只能接______________。

二、简答题

1. 可编程控制器与继电接触器相比有哪些优点？

2. 可编程控制器的输入点数和输出点数是根据什么条件确定的？

三、综合分析题

1. 试写出表中所列指令的名称。

LD		ANI	
LDI		OR	
OUT		ORI	
AND		END	

2. 根据控制电路图 5—24 画梯形图，并编写程序。

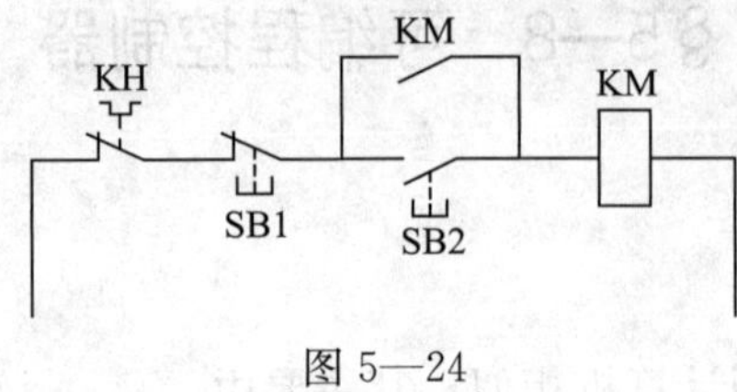

图 5—24

地址分配

输入	输出
KH：X0	KM：Y1
SB1：X1	
SB2：X2	

3. 根据指令语句表画出梯形图。

0 LD X2

1 OR Y0

2 ANI X0

3 ANI X1

4 OUT Y0

5 END

§5—9 传 感 器

一、填空题

1. 传感器通常由____________、____________和____________三部分组成。

2. 常见的电视遥控器是利用__________________进行工作的。

3. 接近传感器是____________________________________的器件。

4. 测量电路把传感器的输出信号变成________信号，使其能在指示仪上指示或在记录仪中记录。

5. 红外线传感器的功能就是____。

二、判断题

1. 敏感元件是传感器中能直接感受或响应被测量的部分。（　）

2. 传感器的输入量是一个被测量，只能是物理量。（　）

3. 所有的传感器必须包括敏感元件和转换元件。（　）

4. 按输出信号的性质分类，传感器可分为模拟式传感器和数字式传感器。（　）

5. 遥控器是利用红外传感器进行工作的。（　）

三、简答题

1. 什么是传感器？它由哪几部分组成？

2. 举例说明传感器的应用。

第六章　二极管与晶闸管

§6—1　二极管及整流电路

一、填空题

1. 二极管的P区的引出端叫作______极或者______极，N区的引出端叫作______极或者______极。

2. 常用的二极管有：普通二极管、________二极管、________二极管、________二极管、________二极管、________二极管、________二极管、________二极管。

3. 二极管正偏时，P区接电源的______极，N区接电源的______极；PN结反偏时，P区接电源的______极，N区接电源的______极。

4. 二极管具有____________特性，即加正向电压时，二极管__________，加反向电压时，二极管__________。

5. 硅二极管导通时的正向管压降约为________V，锗二极管导通时的正向管压降约为________V。

6. 使用二极管时应考虑的主要参数是____________、_______________。

7. 电路中二极管的正向电流过大时，二极管会________；如果加在二极管两端的反向电压过高，二极管将会____________。

8. 利用二极管的__________特性，可将__________变换成__________的电路称为整流电路。常用的整流电路有__________和__________。

9. 在单相桥式整流电路中，负载两端直流电压约为变压器二次侧交流电压的________倍。

10. 用万用表测量小功率二极管的正反向电阻时，一般用__________和__________这两挡。

11. 有一锗二极管正反向电阻均接近于零，表明该二极管已__________；有一硅二极管正反向电阻均接近于无穷大，表明二极管已__________。

二、选择题

1. PN结最大的特点是具有（　　）。

　A. 导电性　　　　B. 绝缘性　　　　C. 单向导电性

2. 把电动势为1.5 V的干电池的正极直接接到一个硅二极管的正极，负极直接接到硅二极管的负极，则该管（　　）。

　A. 基本正常　　　　B. 击穿　　　　C. 烧坏　　　　D. 电流为零

3. 图 6—1 中，（　　）的二极管处于正向偏置（全部为硅管）。

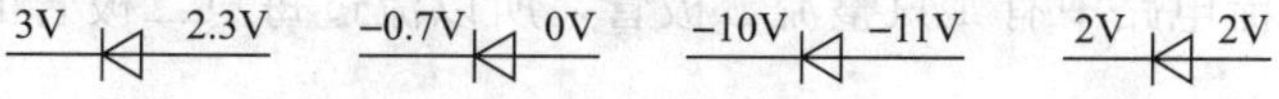

3V 2.3V　　−0.7V 0V　　−10V −11V　　2V 2V

A.　　B.　　C.　　D.

图 6—1

4. 当硅二极管加上 0.3 V 正向电压时，该二极管相当于（　　）。

A. 小阻值电阻

B. 阻值很大的电阻

C. 内部短路

5. 利用半导体器件的（　　）特性可实现整流。

A. 伏安　　B. 稳压　　C. 单向导电

6. 交流电通过单相整流后，得到的输出电压是（　　）。

A. 交流电压　　B. 稳定的直流电压

C. 脉动直流电压　　D. 恒定的直流电压

7. 在单相桥式整流电路中，若误将任一只二极管接反了，产生的后果是（　　）。

A. 仍可正常工作　　B. 不能工作

C. 输出电压下降　　D. 输出电压上升

8. 在单相桥式整流电路中，若有一只二极管断开，则负载两端的直流电压将（　　）。

A. 变为零　　B. 下降

C. 升高　　D. 保持不变

9. 单相桥式整流电路在输入交流电压的每个半周内都有（　　）只二极管导通。

A. 2　　B. 1

C. 3　　D. 4

10. 用万用表 $R\times1$ kΩ 挡测二极管，若红表笔接正极，黑表笔接负极时读数为 50 kΩ；换黑表笔接正极，红表笔接负极时，读数为 1 kΩ，则这只二极管的情况是（　　）。

A. 内部已断路，不能用　　B. 内部已短路，不能用

C. 没有坏，但性能不好　　D. 性能良好

三、判断题

1. 二极管导通时，正向压降为 0.7 V。（　　）

2. 二极管具有单向导电性。（　　）

3. 二极管加正向电压时一定导通。（　　）

4. 有两个电极的元件都叫二极管。（　　）

5. 二极管一旦反向击穿就一定损坏。（　　）

6. 当反向电压小于反向击穿电压时，二极管的反向电流很小；当反向电压大于反向击穿电压时，其反向电流迅速增加。（　　）

7. 用万用表测二极管反向电阻时，插在万用表标有“＋”号插孔中的红表棒应接二极管的正极。（　　）

8. 在整流电路中，负载上获得的脉动直流电压常用平均值来说明它的大小。（　　）

9. 单相桥式整流电路在输入交流电的每个半周内都有两只二极管导通。（　　）

10. 因为桥式整流电路中有 4 只整流二极管，所以流过每只二极管的平均电流等于负载电流的 1/4。（　　）

四、综合分析题

1. 在图 6—2 所示电路中，哪一只灯泡不亮？

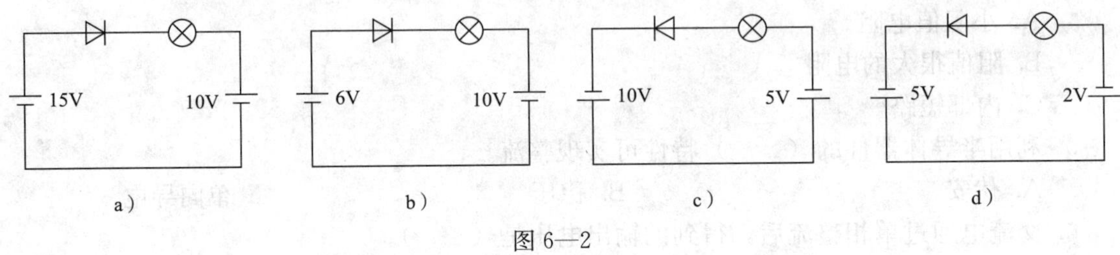

图 6—2

2. 在图 6—3 所示电路中，设二极管是理想二极管，试判断各二极管是导通还是截止，并求出 U_{AO} 的值。

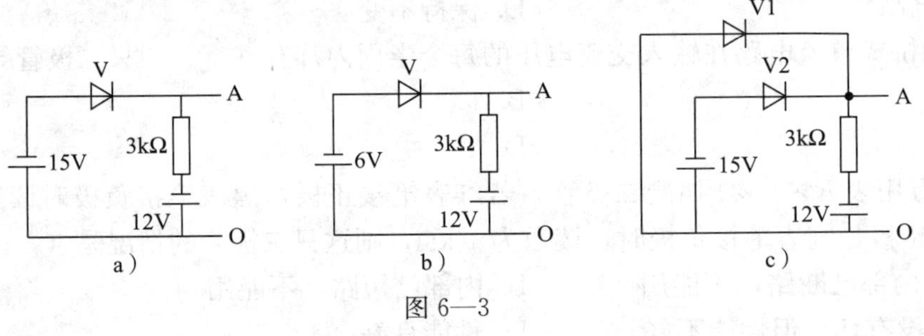

图 6—3

3. 将图 6—4 中的二极管接成桥式整流电路，图中 u 为交流电源电压，R_L 为负载。负载要求的直流电源极性如图 6—4 所示。

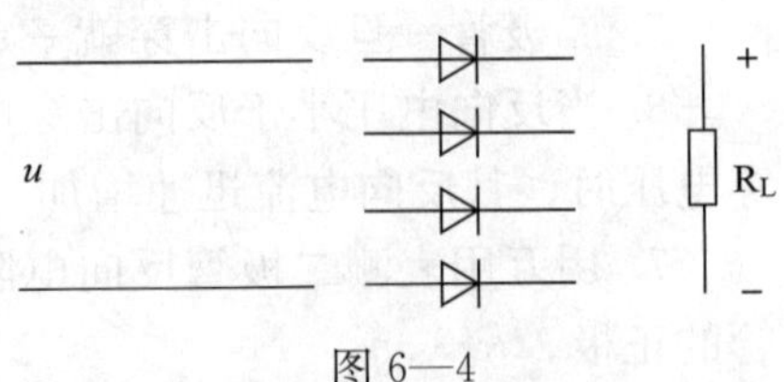

图 6—4

4. 变压器二次侧交流电压为 220 V，单相桥式整流电路输出的直流电压为多少？

5. 用万用表检测二极管，检测方法及指针偏转如图 6—5 所示，试判断被测二极管质量好坏，并说明理由。

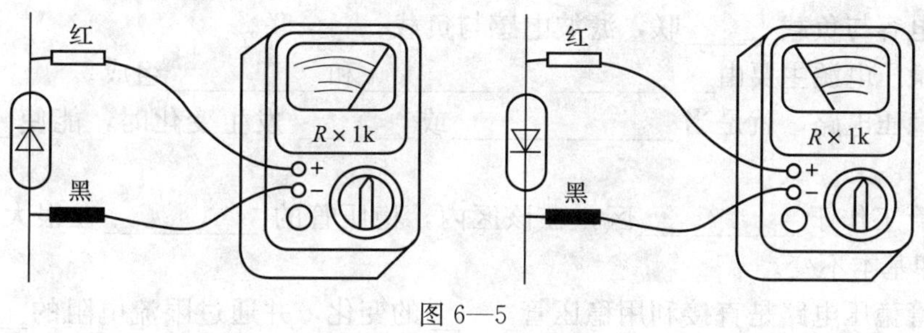

图 6—5

6. 图 6—6 所示为某电热毯温度控制电路。它有高低温两挡可供选择。当 S1、S2 全闭合时，电热毯温度较高；当 S1 闭合、S2 打开时，电热毯温度较低。这是为什么？

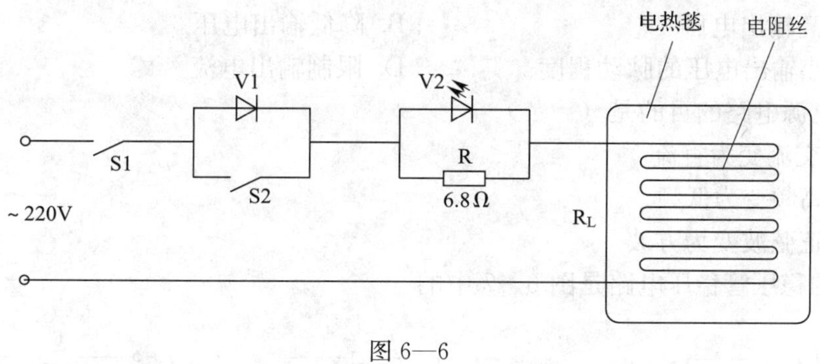

图 6—6

§6—2　直流稳压电源

一、填空题

1. 所谓滤波，就是把________直流电变为________直流电的过程。

2. 常见的滤波电路有______滤波、______滤波以及由 LC 或者 RC 组成的______滤波电路。

3. 滤波电容与负载_____联，滤波电感与负载_____联。

4. 直流稳压电源主要由________、________和________组成。

5. 所谓稳压电路，就是当___________或______发生变化时，能使________稳定的电路。

6. 稳压管工作于________区，在该区内，稳压管的________在很大范围内变化，________却基本不变。

7. 稳压管稳压电路是直接利用稳压管_____的变化，并通过限流电阻的______作用，达到稳压的目的。

8. 三端固定输出稳压器的三端是指________、________和______三端。常用的 CW78××系列是输出固定___电压的稳压器，CW79××系列是输出固定___电压的稳压器。

9. 三端可调输出稳压器的三端是指________、________和______三端。

二、选择题

1. 在滤波电路中，与负载并联的元件是（　　）。

　A. 电容　　B. 电感　　C. 电阻　　D. 开关

2. 整流电路后加滤波电路，目的是（　　）。

　A. 提高输出电压　　B. 降低输出电压

　C. 减小输出电压的脉动程度　　D. 限制输出电流

3. 稳压电源电路的目的是（　　）。

　A. 将交流变为直流

　B. 将高频变为低频

　C. 将正弦波变为方波

4. 正确的稳压管稳压电路是图 6—7 中的（　　）。

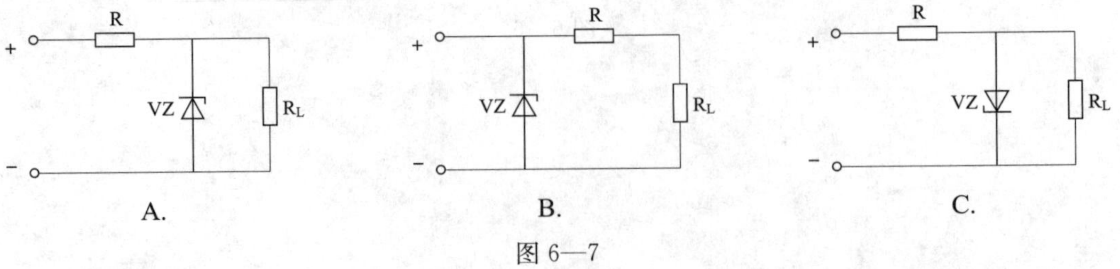

A.　　B.　　C.

图 6—7

5. 稳压管是利用其伏安特性的（　　）特性进行稳压的。

A. 反向　　B. 反向击穿　　C. 正向起始　　D. 正向导通

6. 直流稳压电源中采取稳压的措施是为了（　　）。

A. 消除整流电路输出电压的交流分量

B. 将电网提供的交流电转化为直流电

C. 保持输出直流电压不受电网电压波动和负载变化的影响

7. 在硅稳压管稳压电路中，稳压管与负载（　　）。

A. 串联　　B. 并联

C. 有时串联，有时并联　　D. 混联

三、判断题

1. 电容滤波电路中的滤波电容应与负载串联，才能得到较为平滑的电压。（　　）
2. 电容滤波应用于负载电流较小且基本不变的场合。（　　）
3. 复式滤波电路输出的电压波形比一般滤波电路输出的电压波形平直。（　　）
4. 硅稳压二极管的外形与普通二极管相似，工作特性也相似。（　　）
5. 在稳压管稳压电路中，稳压二极管应工作在反向击穿区，并且与负载电阻串联。（　　）
6. 稳压管稳压电路中负载两端的电压受稳压管稳定电压的限制。（　　）
7. 各种集成稳压器输出电压均不可以调整。（　　）
8. 利用三端集成稳压器组成的稳压电路，输出电压不能高于稳压器的最高输出电压。（　　）
9. 集成稳压器的引脚不可接错，输入端、输出端以及接地端都不可悬空。（　　）

四、综合分析题

1. 在如图 6—8 所示电路中，元件 R、L、C 能否起滤波作用？

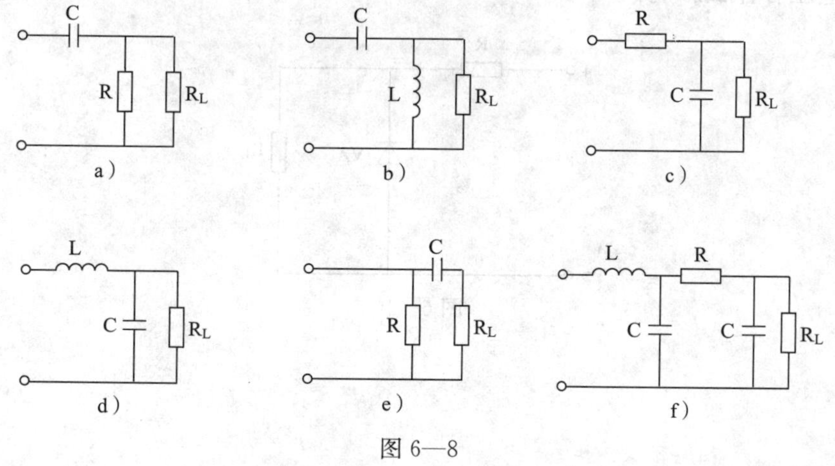

图 6—8

2．完成图 6—9 所示电路连接（画出相应的元件符号）。

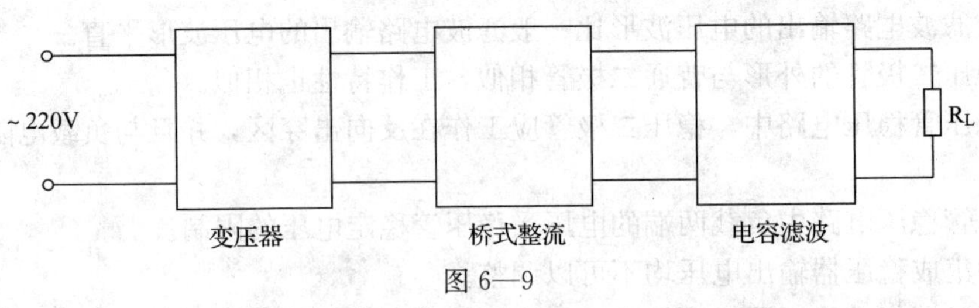

图 6—9

3．在图 6—10 所示稳压管稳压电路中，电阻 R 在电路中起什么作用？当 $R=0$ 时，电路还是否有稳压作用？R 的阻值大小对电路的稳压性能有什么影响？若稳压管击穿损坏或断路，对输出电压有什么影响？

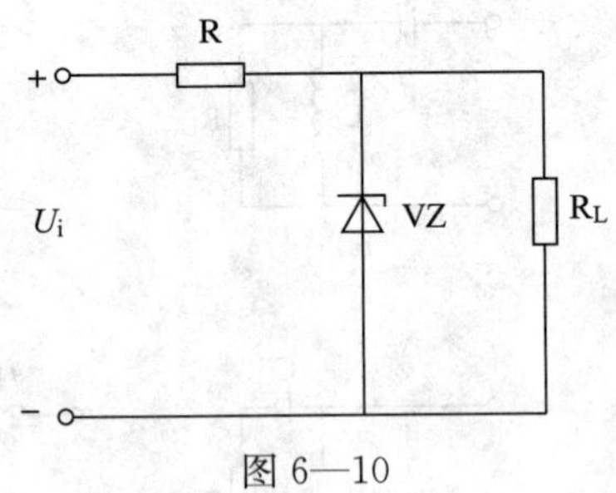

图 6—10

4. 图 6—11 所示是一个用集成稳压器组成的直流稳压电路，指出电路在正常工作时的输出电压值。

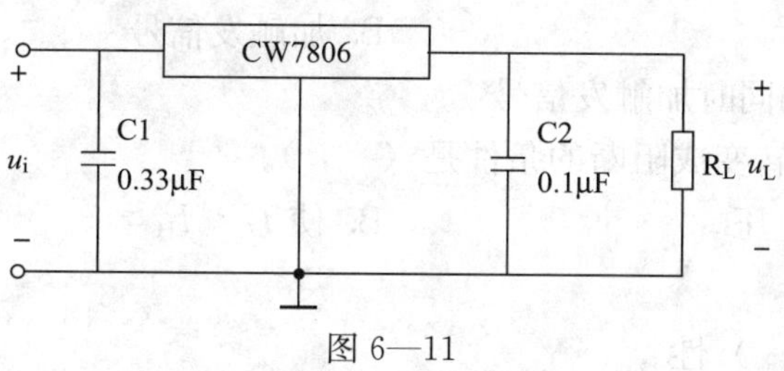

图 6—11

§6—3 晶闸管及其应用

一、填空题

1. 晶闸管的全称叫作__________，又叫作__________。它有三个电极：________、________和________，分别用字母______、______和______表示。

2. 晶闸管的外形有__________、__________、__________几种。

3. 要使晶闸管导通，必须在阳极和阴极间加足够大__________的同时，在控制极和阴极间加__________。

4. 使导通的晶闸管变为截止，应降低__________的电压，使通过晶闸管的电流小于________电流，或在阳极和阴极间加________电压。

5. 在单相半控桥式整流电路中，通过改变________角的大小来调节输出直流电压的大小。________角越大，输出直流电压越低，而________角越大，输出直流电压就越高。

6. 在可控整流电路中，晶闸管承受正向电压并加有控制极__________时导通。

7. 在单相可控整流电路中，改变对晶闸管施加脉冲的时刻，就能改变整流电路输出电压的波形：当________时，输出电压最大；________时，输出电压减小；________时，输出电压为零。

二、选择题

1. 普通晶闸管的管芯由（　　）层杂质半导体组成。

A. 1　　B. 2　　C. 3　　D. 4

2. 单向晶闸管内部有（　　）个 PN 结。

A. 2　　B. 3　　C. 4　　D. 多于 4

3. 普通晶闸管由中间 P 层引出的电极是（　　）。

A. 阳极　　B. 控制极　　C. 阴极　　D. 无法确定

4. 晶闸管导通的条件是（　　）。

A. 加正向电压　　B. 加触发信号

C. 加正向电压的同时加触发信号

5. 使导通的晶闸管转变成阻断的条件是（　　）。

A. 加负向触发电压　　B. 使 $I_A<I_H$

C. 使 $U_{AK}\leqslant 0$

6. 晶闸管具有（　　）性。

A. 单向导电　　B. 可控的单向导电

C. 电流放大　　D. 负阻效应

7. 下列说法正确的是（　　）。

A. 晶闸管阳极和阴极之间、阳极和控制极之间的正反向电阻都较小，控制极和阴极之间的正反向电阻也较小

B. 晶闸管阳极和阴极之间、阳极和控制极之间的正反向电阻都较大，控制极和阴极之间的正反向电阻也较大

C. 晶闸管阳极和阴极之间、阳极和控制极之间的正反向电阻都较小，控制极和阴极之间的正反向电阻较大

D. 晶闸管阳极和阴极之间、阳极和控制极之间的正反向电阻都较大，控制极和阴极之间的正向电阻较小，反向电阻较大

8. 晶闸管的导通角越大，则控制角（　　）。

A. 越小　　B. 越大　　C. 不改变　　D. 均不是

9. 晶闸管整流电路输出电压的改变是通过（　　）。

A. 调节控制角　　B. 调节触发电压大小

C. 调节阳极电压大小　　D. 调节触发电流大小

10. 在输入电压一定时，对于半控桥式整流电路，增大输出直流电压的方法是（　　）。

A. 增大控制角　　B. 增大导通角

C. 增加触发脉冲数

三、判断题

1. 处于阻断状态的晶闸管只要在控制极加触发脉冲，就会变为导通。（　　）

2. 处于导通状态的晶闸管只要减小阳极电流，就会变为阻断。（　　）

3. 晶闸管的导通电流随控制极电流的增大而增大。（　　）

4. 晶闸管只要加正向电压就导通，加反向电压就截止，所以晶闸管具有单向导电性。（　　）

5. 晶闸管和三极管都能用小电流控制大电流，所以它们都具有电流放大作用。（　　）

6. 晶闸管导通后，若阳极电流小于导通维持电流，晶闸管必然自行关断。（　　）

7. 晶闸管导通后，去掉控制电压，则其立即关断。（　　）

8. 可控桥式整流电路中的晶闸管的控制角越大，输出电压越高。（　　）

四、简答题

1. 晶闸管导通的条件是什么？

2. 什么是控制角？控制角与导通角之间有什么关系？

五、综合分析题

1. 电路及波形如图 6—12 所示，试画出负载上电压 $u_L(t)$ 的波形。

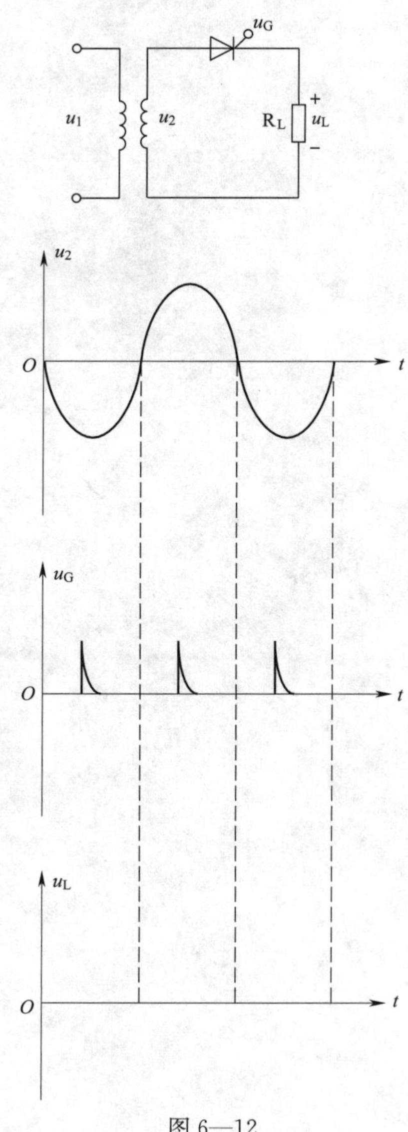

图 6—12

2. 图 6—13 所示是一个防盗报警电路，使用时 A、B 间用短路线连接，若短路线断开则报警。试简要说明该电路的工作原理。

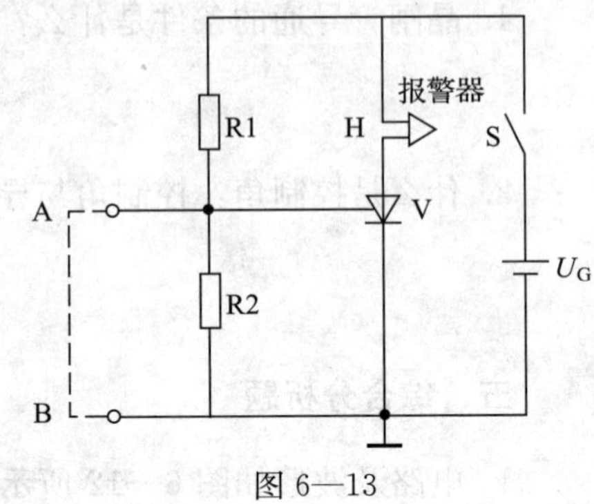

图 6—13

第七章　三极管与集成运算放大器

§7—1　三极管及基本放大电路

一、填空题

1. 三极管有两个PN结，即________结和________结；有三个电极，即________极、________极和________极，分别用______、______和______表示。

2. 三极管有________型和________型，前者的图形符号是________，后者的图形符号是________。

3. 三极管各电极的电流分配关系为____________。

4. 三极管的穿透电流 I_{CEO} 随温度的升高而________，由于锗三极管的穿透电流比硅三极管的穿透电流______，所以______三极管的热稳定性较好。

5. 当三极管的发射结______，集电结______时，工作在放大区；发射结______，集电结______时，工作在饱和区；发射结______，集电结______时，工作在截止区。

6. 三极管只有工作在________状态，关系式 $I_C=\beta I_B$ 才成立。工作在开关状态的三极管，当它工作在________状态时相当于开关接通，工作在________状态时相当于开关断开。

7. 三极管电流放大系数太小，电流放大作用______；电流放大系数太大，会使三极管的性能________。

8. 三极管的极限参数分别是________、________和__________。

9. 放大电路按三极管的连接方式可分为__________、__________和__________放大电路。

10. 放大电路中三极管的静态工作点是指________、________和________。

11. 在共射极放大电路中，输出电压和输入电压相位________。

12. 在多级放大电路中，各级电路之间的连接称为________，常用的方式有________、__________、__________和__________。

二、选择题

1. 关于三极管，下面说法错误的是（　　）。

A. 有NPN和PNP两种　　B. 有电流放大能力

C. 发射极和集电极不能互换使用　　D. 等于两个二极管的简单组合

2. 三极管放大的实质，实际上就是（　　）。

A. 将小能量换成大能量　　B. 将低电压放大成大电压

C. 将小电流放大成大电流　　D. 用较小的电流控制较大的电流

3. NPN 型三极管处于放大状态时，各极电位的关系是（　　）。

A. $U_C > U_B > U_E$　　B. $U_C > U_E > U_B$

C. $U_C < U_B < U_E$

4. 三极管的工作状态有三种，即（　　）。

A. 截止状态、饱和状态和开关状态　　B. 饱和状态、导通状态和放大状态

C. 放大状态、截止状态和饱和状态　　D. 开路状态、开关状态和放大状态

5. 三极管工作在放大状态的条件是（　　）。

A. 发射结和集电结同时正偏　　B. 发射结和集电结同时反偏

C. 发射结反偏，集电结正偏　　D. 发射结正偏，集电结反偏

6. 三极管工作在饱和状态的条件是（　　）。

A. 发射结和集电结同时正偏　　B. 发射结和集电结同时反偏

C. 发射结反偏，集电结正偏　　D. 发射结正偏，集电结反偏

7. 满足 $I_C = \beta I_B$ 的关系时，三极管工作在（　　）。

A. 饱和区　　B. 放大区　　C. 截止区　　D. 击穿区

8. 三极管的 β 值超过 200，将造成（　　）。

A. 放大作用很强　　B. 三极管工作性能不稳定

C. 放大作用很弱　　D. 三极管工作性能更稳定

9. 三极管构成放大器时，根据公共端的不同，可有（　　）种连接方式。

A. 1　　B. 2　　C. 3　　D. 4

10. 在共射极放大电路中，其输出电压与输入电压说法错误的是（　　）。

A. 频率相同　　B. 波形相似　　C. 幅度相同　　D. 相位相反

11. 对放大电路的要求为（　　）。

A. 只需放大倍数很大　　B. 只需放大交流信号

C. 放大倍数要大，且失真要小　　D. 只需放大直流信号

12. 有关放大电路的说法，错误的是（　　）。

A. 放大电路的本质是能量控制作用

B. 放大电路不一定要加直流电源，也能在输出得到较大能量

C. 放大电路负载上信号变化的规律由输入信号决定

D. 放大电路负载上得到比输入大得多的能量是由直流电源提供的

13. 判断一个放大电路能否正常放大，主要根据（　　）来判断。

A. 有无合适的静态工作点，三极管工作在放大区，满足 $U_C > U_B > U_E$

B. 仅是交流信号是否畅通传送及放大

C. 三极管是否工作在放大区及交流信号是否畅通传送及放大两点

D. 三极管无论工作在哪个区也不影响

14. 某多级放大电路由三级基本放大器组成，已知每级电压放大倍数为 A_U，则总的电压放大倍数为（　　）。

A. $3A_U$　　B. A_U^3　　C. A_U　　D. 0

15. 阻容耦合多级放大器（　　）。

A. 只能传递直流信号　　B. 只能传递交流信号

C. 交直流信号都能传递　　D. 交直流信号都不能传递

16. 直接耦合多级放大器（　　）。

A. 只能传递直流信号　　B. 只能传递交流信号

C. 交直流信号都能传递　　D. 交直流信号都不能传递

三、判断题

1. 三极管有两个 PN 结，因此它具有单向导电性。（　　）

2. 三极管由两个 PN 结组成，所以可以用两只二极管组合构成三极管。（　　）

3. 三极管的电流放大作用，其实质是用一个较小的电流去控制一个较大的电流。（　　）

4. 三极管的发射结正偏时，它必处于放大状态。（　　）

5. 三极管的发射结反偏时，它必处于截止状态。（　　）

6. 三极管是电压放大器件。（　　）

7. 三极管的穿透电流越大，表明其温度稳定性越差。（　　）

8. 用万用表 $R\times1$ kΩ 挡测量三极管，黑表笔接基极，红表笔分别和另外两个电极相接，如果测得的电阻都较小，则为 PNP 型管。（　　）

9. 放大电路的静态是指未加交流信号以前的起始状态。（　　）

10. 在共射极放大电路中，输出电压与输入电压同相。（　　）

11. 采用阻容耦合的放大电路，前后级的静态工作点互相影响。（　　）

12. 采用直接耦合的放大电路，前后级的静态工作点互相牵制。（　　）

13. 采用变压器耦合的放大电路，前后级的静态工作点互不影响。（　　）

14. 直流放大器级间耦合常采用阻容耦合方式或变压器耦合方式。（　　）

四、综合分析题

1. 测得电路中下列三极管各电极对地电位如图 7—1 所示，试问各三极管处于何种工作状态。（图中 NPN 管为硅管，PNP 管为锗管）

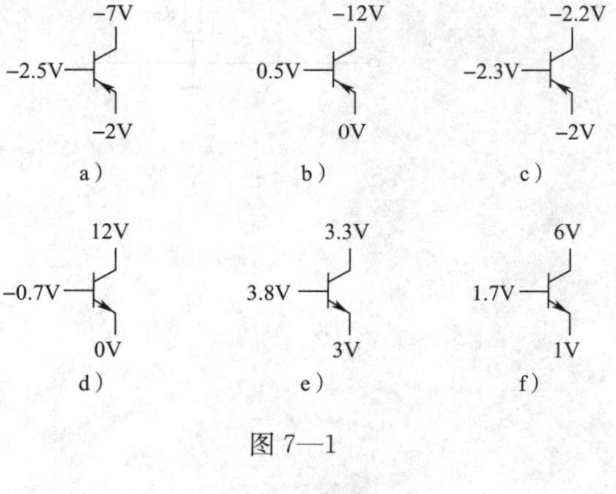

图 7—1

2. 测得工作在放大状态的某三极管，其电流如图 7—2 所示，在图中标出各管的管脚，并说明三极管是 NPN 型还是 PNP 型。

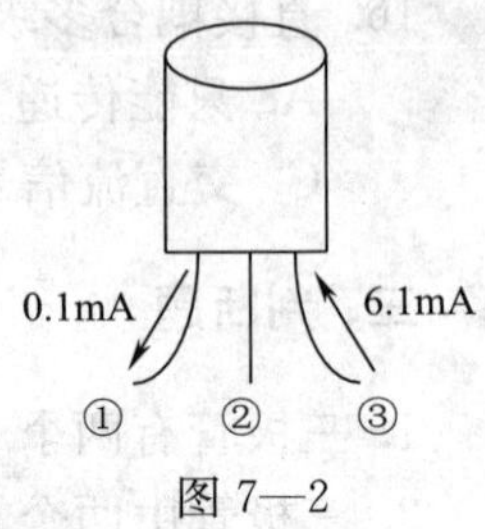

图 7—2

3. 某三极管 $P_{CM}=300$ mW，$U_{(BR)CEO}=20$ V，$I_{CM}=30$ mA。
试作回答：
(1) 如工作电流 $I_C=20$ mA，则 U_{CE}应有何限制？
(2) 如工作电压 $U_{CE}=8$ V，则 I_C应有何限制？

4. 判断如图 7—3 所示电路有无正常的电压放大作用？为什么？

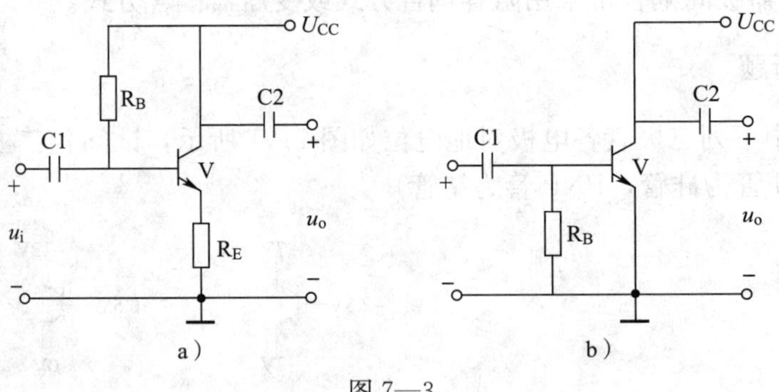

图 7—3

§7—2　集成运算放大器

一、填空题

1. 集成运算放大器简称__________，相当于一个高性能的__________，一般由________、________、________和________几部分组成。

2. 集成运放有______和______两个输入端，一个输出端。

3. 在分析集成运放的应用电路时，常把集成运放看作是理想的，即具备以下特性：(1)__________；(2)__________；(3)__________。

4. 集成运放的电压传输特性分为______区和______区两部分，其中中间很陡的斜线部分为______区，在此区域输出电压随输入电压线性变化，斜线之外的区域称为________区，在该区域输出电压只有两种情况：______和______。

5. 工作在线性状态的理想集成运放具有如下特点：两输入端的电位______，两输入端的电流________。

6. 理想集成运放工作在非线性状态时，当 $U_P > U_N$ 时，$U_o =$________；当 $U_P > U_N$ 时，$U_o =$________；而两个输入端的电流 $i_P = i_N =$______。

7. 集成运放线性应用时，电路中必须引入__________；集成运放非线性应用时，电路接成________或引入__________。

8. 在同相输入比例运算器中，当__________，__________时，则为电压跟随器，其输出量与输入量__________。

二、选择题

1. 反相比例运算电路的一个重要特点是（　　）。
   A. 反相输入端为虚地　　B. 输入电阻大
   C. 电流并联负反馈　　D. 电压串联负反馈

2. 同相比例运算电路在分析时不用（　　）的概念。
   A. 虚短　　B. 虚断　　C. 虚地　　D. 共模抑制比

3. 理想运算放大器的两个重要结论为（　　）。
   A. 虚地与反相　　B. 虚短与虚地　　C. 虚短与虚断　　D. 虚断与虚地

4. 在电压比较器中，集成运放工作在（　　）状态。
   A. 非线性　　B. 开环放大　　C. 闭环放大　　D. 线性

三、判断题

1. 因为集成运放的实质是高增益的多级直流放大器，所以它只能放大直流信号。（　　）

2. 集成运放的引出端只有三个。（　　）

3. 偏置电路不属于集成运放的组成部分。（　　）

4. 集成运算放大器是一种非线性集成电路。（　）

5. 理想集成运放的同相输入端和反相输入端之间不存在“虚短”“虚断”现象。（　）

6. “虚地”指虚假接地，并不是真正接地。（　）

7. 反相比例运算放大器的输出电压与输入电压相位相反。（　）

8. 反相器既能使输入信号倒相，又具有电压放大作用。（　）

9. 同相比例运算器的输出电压与输入电压之比一定大于 1。（　）

10. 在同相比例运算器中，若 $R_f=\infty$，$R_1=0$，它就成了跟随器。（　）

11. 分析同相比例运算电路时用到了“虚地”的概念。（　）

12. 电压比较器是集成运放的线性应用。（　）

四、简答题

“虚短”“虚地”“虚断”各是什么？在什么情况下存在“虚地”？

五、综合分析题

1. 图 7—4 所示是应用集成运放测量电阻的原理电路图，输出端接有满量程 5 V、500 μA 的电压表，当电压表指示 5 V 时，试计算被测电阻 R_X 的值。

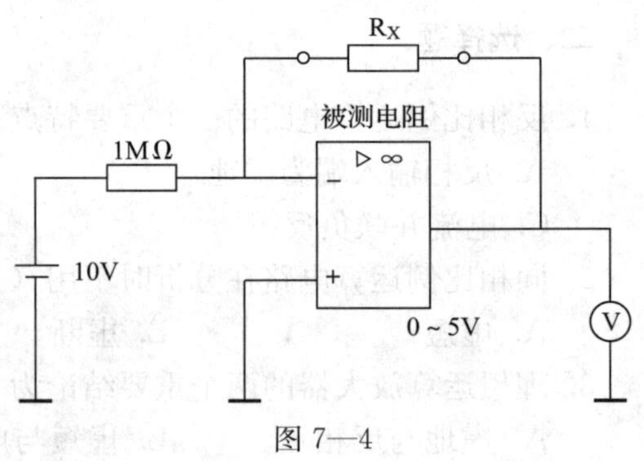

图 7—4

2. 指出图 7—5 属于什么电路，并计算当 $R_f=1\ \text{k}\Omega$ 时 R_1 的阻值。

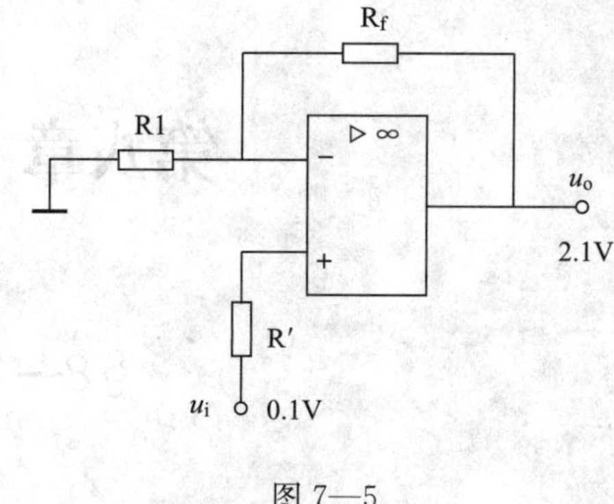

图 7—5

3. 在图 7—6 所示电路中，已知 $R_f=2R_1$，$u_i=2$ V，试求输出电压 u_o。

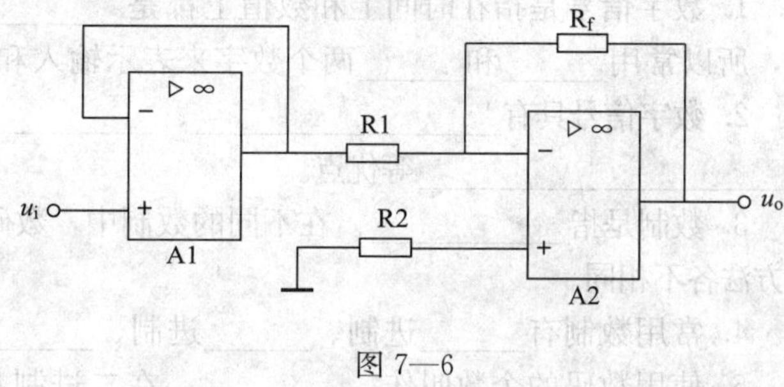

图 7—6

4. 图 7—7 所示为利用电压比较器组成的报警电路。如欲对某一参数（如温度、压力等）进行监控，可将传感器所转换的监控信号 u_i 送给比较器，U_R 是正常工作的极限值，作为参考电压。试问：

（1）u_i 和 U_R 应分别接入比较器的哪一个输入端（在图中标明）？

（2）$u_i<U_R$ 时，二极管 V 是导通还是截止？

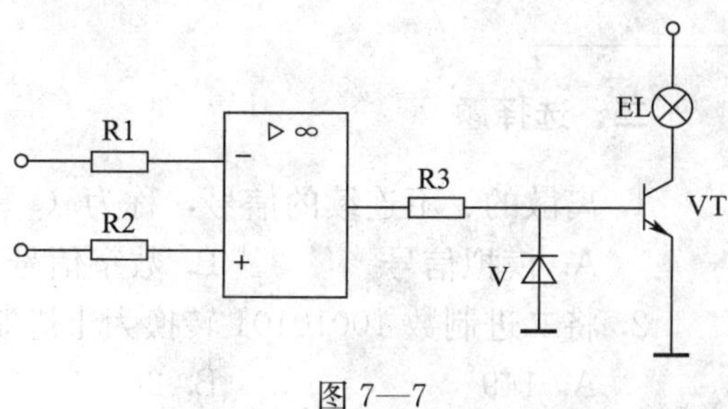

图 7—7

第八章　数字电路知识

§8—1　数字信号概述

一、填空题

1. 数字信号是指在时间上和数值上都是＿＿＿＿＿＿的信号。数字信号只有两个离散值，所以常用＿＿＿和＿＿＿两个数字来表示输入和输出信号的状态。

2. 数字信号具有＿＿＿＿＿＿＿＿、＿＿＿＿＿＿＿＿＿、＿＿＿＿＿＿＿＿＿＿和＿＿＿＿＿＿＿＿＿＿等优点。

3. 数制是指＿＿＿＿＿。在不同的数制中，数码的＿＿＿＿、进位的方式和＿＿＿＿＿的方法各不相同。

4. 常用数制有＿＿＿进制、＿＿＿进制、＿＿＿进制、＿＿＿进制。

5. 使用数码的个数叫作＿＿＿＿＿。在二进制数中，只使用了＿＿＿＿、＿＿＿＿两个数码，所以＿＿＿＿是 2，计数规律是＿＿＿＿＿＿＿＿。

6. 十进制数有＿＿＿个数码，基数为＿＿＿，计数规律是＿＿＿＿＿＿。

7. 不同的编码方式称为＿＿＿＿。一个二进制数有＿＿＿和＿＿＿两个代码，可表示两个信息，n 位二进制代码可以表示＿＿＿＿个不同的信息。

8. 对于数字技术的编码，不同的编码方式叫作＿＿＿＿＿＿，常用的编码方式有＿＿＿＿＿＿、＿＿＿＿＿＿和＿＿＿＿＿＿等。

9. BCD 码的中文含义是＿＿＿＿＿＿＿＿，最常用的 BCD 码是＿＿＿＿＿＿。

10. 十进制数 68 的二进制数码是＿＿＿＿＿＿＿＿，8421BCD 码是＿＿＿＿＿＿＿。

11. 二进制数 11011110 表示的十进制数为＿＿＿＿＿，相应的 8421BCD 码是＿＿＿＿＿＿＿＿＿＿。

二、选择题

1. 离散的、不连续的信号，称为（　　）。

A. 模拟信号　　B. 数字信号　　C. 变化信号　　D. 恒值信号

2. 将二进制数 10010101 转换为十进制数，正确的是（　　）。

A. 149　　B. 269　　C. 267　　D. 147

3. 将十进制数 99 化为二进制数，正确的是（　　）。

A. 1010011　　B. 1010101　　C. 1100011　　D. 10101010

4. 十进制数 25 用 8421BCD 码表示为（　　）。

A. 10101　　　　B. 00100101　　　　C. 100101　　　　D. 101001

5. 最常用的 BCD 码是（　　）。

A. 奇偶校验码　　B. 格雷码　　C. 8421 码　　D. 余 3 码

6. 将代码 $(10000011)_{8421BCD}$ 转换成二进制数为（　　）。

A. $(01000011)_2$　　　　B. $(01010011)_2$

C. $(10000011)_2$　　　　D. $(000100110001)_2$

三、判断题

1. 在数字信号中 0 和 1 表示两个不同的数值。（　　）
2. 模拟信号与数字信号的主要区别是根据幅度的取值是否离散来确定的。（　　）
3. 在时间和幅度上都断续的信号是数字信号，语音信号不是数字信号。（　　）
4. 数字信号与模拟信号相比，其优点是抗干扰能力强、功耗低、速度快。（　　）
5. 在 $(365)_{10}$ 中，3 的权是 10^3，6 的权是 10^2，5 的权是 10^1。（　　）
6. 十进制数 29 的二进制数码为 10011。（　　）
7. 二进制数 110101 的 8421BCD 码为 01010011。（　　）
8. 8421BCD 码 1001 比 0001 大。（　　）
9. 十进制数 11 与二进制数 11 含义不同。（　　）

四、综合分析题

1. 将下列二进制数转换成十进制数。

（1）101　　（2）1011　　（3）11010　　（4）11000011

（5）11101　　（6）101010　　（7）100001　　（8）11001100

2. 将下列十进制数转换成二进制数。

（1）5　　（2）8　　（3）36　　（4）235　　（5）1782

§8—2　逻辑门电路和逻辑函数

一、填空题

1. 数字电路是对________信号进行传输、交换、运算、存储等处理的电路。

2. 在数字电路中，正逻辑规定用______表示高电平，用______表示低电平。

3. 当且仅当决定某件事情的各个条件全部都具备时，这件事情才能发生，这件事情和各个条件之间的关系称为__________关系，逻辑式：__________。

4. 当决定某件事情的各个条件中，只要具备一个或几个时，这件事情就能发生，这件事情和各个条件之间的关系称为__________关系，逻辑式：__________。

5. 决定某件事情的条件只有一个，事情发生总是和条件呈相反状态，这件事情和这个条件之间的关系称为__________关系，逻辑式：__________。

6. 逻辑代数最基本的运算为________、________和________。

7. 由与、或、非三种基本门电路可以组合成__________电路。

8. A、B 两个输入变量中只要有一个为“1”，输出就为“0”；当 A、B 均为“0”时输出为“1”，则该逻辑运算称为____________。

9. 逻辑函数的表示方法有____________、____________、____________。

10. 描述逻辑函数各个变量取值组合和函数值对应关系的表格叫作__________。

11. 逻辑函数表达式化简的最终目标是：表达式所含__________数最少，且每个乘积项中所含的____________个数最少。

12. 逻辑代数与普通代数相似的定律有__________、____________、____________。

13. 逻辑函数 $F=A+\bar{A}B$ 可化简为________________。

二、选择题

1. 逻辑变量的取值 1 和 0 可以表示（　　）。

A. 开关的闭合、断开　　B. 电位的高、低

C. 真与假　　D. 电流的有、无

2. 符合或逻辑关系的表达式是（　　）。

A. 1＋1＝2　　B. 1＋1＝10　　C. 1＋1＝1　　D. 1＋1＝0

3. 下面几种逻辑门中，允许多个输入端的门是（　　）。

A. 异或门　　B. 或非门　　C. 与非门　　D. 与或非门

4. 一个两输入端的门电路，当输入为 1 和 0 时，输出不是 1 的门是（　　）。

A. 与非门　　B. 或门　　C. 或非门　　D. 异或门

5. 3 个逻辑变量的取值组合共有（　　）种。

A. 4　　B. 8　　C. 16　　D. 32

6. 在（　　）情况下，与非运算的结果是逻辑 0。

A. 全部输入是0　　B. 任意一输入是0

C. 仅一个输入是0　　D. 全部输入是1

7. 在（　　）情况下，或非运算的结果是逻辑0。

A. 全部输入是0　　B. 全部输入是1

C. 任意一个输入为0，其他输入为1　　D. 任意一个输入为1

8. 下列表达式中，（　　）是不对的。

A. $A\cdot 0=A$　　B. $A+0=A$　　C. $A\cdot 1=A$　　D. $A\cdot \bar{A}=0$

9. 下列逻辑式中，正确的与逻辑公式是（　　）。

A. $A\bar{A}=0$　　B. $A\bar{A}=1$　　C. $A\bar{A}=\bar{A}$　　D. $A\bar{A}=A$

10. 逻辑函数式A+A，简化后的结果是（　　）。

A. 2A　　B. A　　C. 1　　D. A^2

三、判断题

1. 与门的逻辑功能是“有1出1，全0出0”。（　　）
2. 逻辑与表示逻辑乘。（　　）
3. 逻辑“1”大于逻辑“0”。（　　）
4. 基本逻辑门电路是构成数字逻辑电路的基础。（　　）
5. 常用的门电路中，判断两个输入信号是否相同的门电路是“与非”门。（　　）
6. 异或函数与同或函数在逻辑上互为反函数。（　　）
7. 若两个函数具有相同的真值表，则两个逻辑函数必然相等。（　　）
8. 逻辑函数 $Y=A\bar{B}+\bar{A}B+\bar{B}C+B\bar{C}$ 是最简与或表达式。（　　）
9. 任何一个逻辑电路，其输入和输出状态的逻辑关系可用逻辑函数式表示；反之，任何一个逻辑函数式总可以用逻辑电路与之对应。（　　）
10. 任何一个逻辑表达式经化简后，其最简式一定是唯一的。（　　）
11. 若A+B=A+C，则B=C。（　　）

四、综合分析题

1. 对应图8—1所示的各种情况，分别画出F的波形。

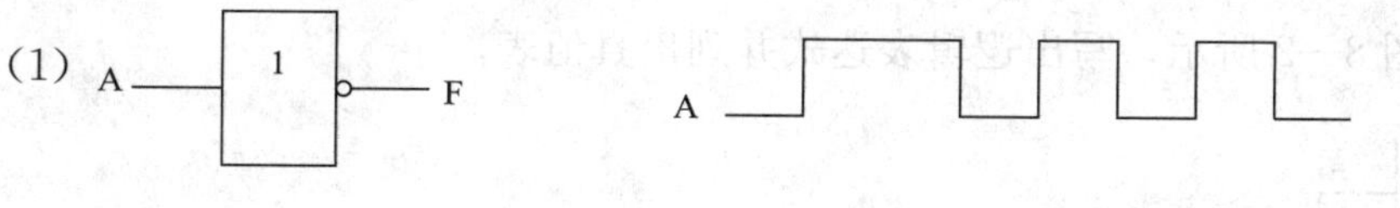

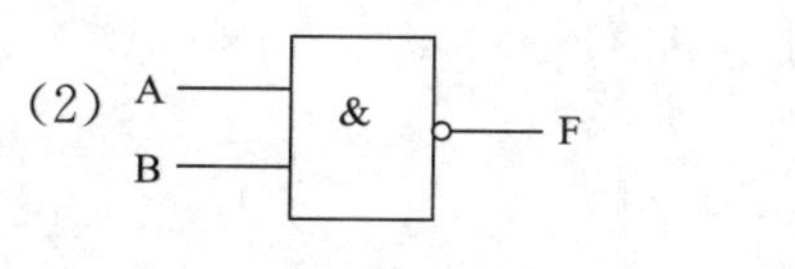

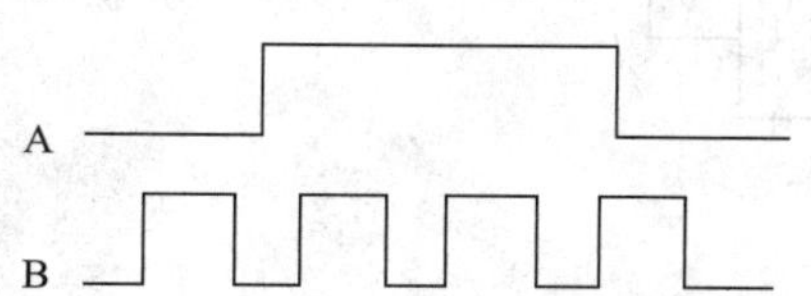

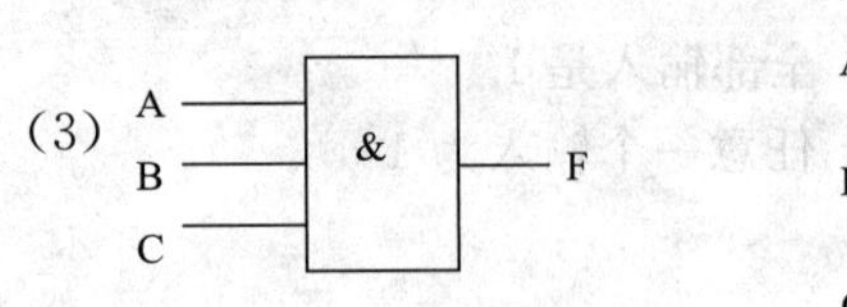

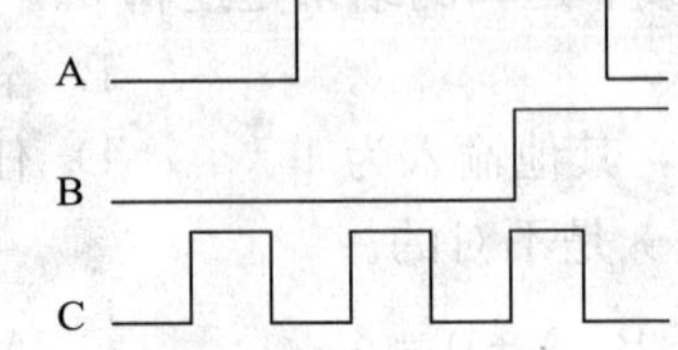

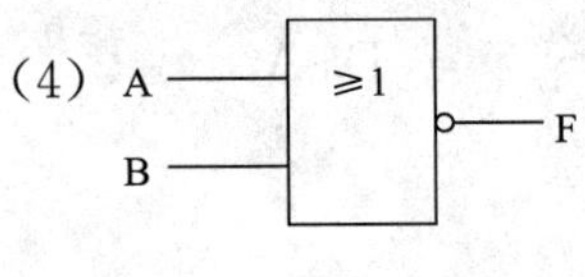

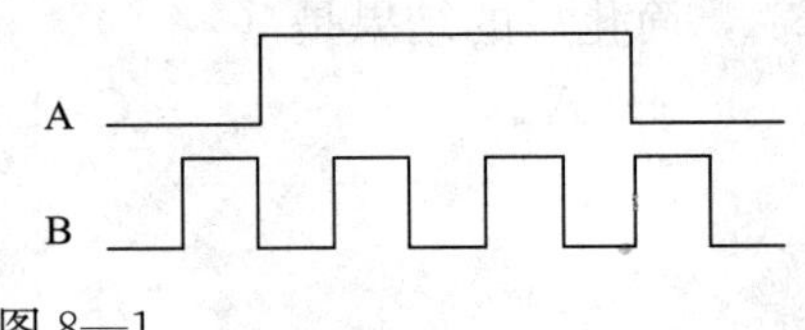

图 8—1

2. 如果 A=1，B=0，C=0，求下列逻辑表达式的值。

（1）$Y=A+\bar{B}C$

（2）$Y=A\overline{BC}$

（3）$Y=A(\bar{B}+C)$

（4）$Y=\overline{\bar{A}B+A\bar{C}}$

3. 逻辑电路如图 8—2 所示，写出逻辑表达式并列出真值表。

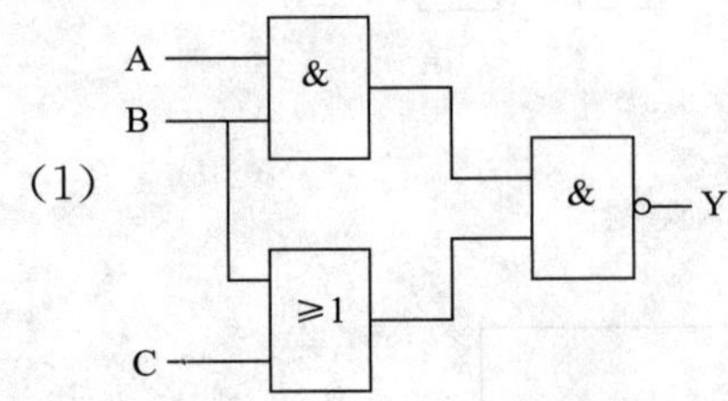

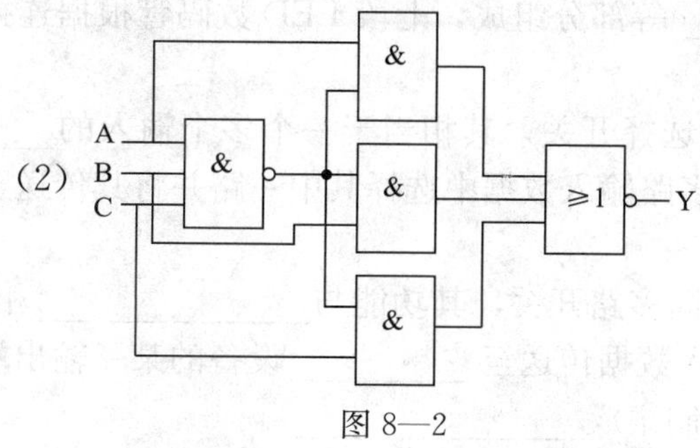

图 8—2

4. 用公式法将下列函数化简。

（1）$F=AB+A\overline{B}$

（2）$F=(A+B)A\overline{B}$

（3）$F=\overline{A}B+AB\overline{C}+\overline{B}\,\overline{C}$

（4）$F=\overline{A}B+ABD+\overline{A}\,\overline{B}C$

（5）$F=A\overline{B}C+\overline{A}+B+\overline{C}$

§8—3 组合逻辑电路

一、填空题

1. 在数字电路中，任何时刻电路的输出仅仅只决定于该时刻各个输入变量的取值，这样的电路称为＿＿＿＿＿＿＿＿。

2. 组合逻辑电路的输出在任何时刻只取决于同一时刻的＿＿＿＿＿＿状态，而与电路＿＿＿＿＿＿的状态无关，即没有＿＿＿＿＿＿功能。

3. 编码是用文字、符号或数字表示特定对象的过程，实现编码功能的电路称为编码器。用二进制代码表示某种信号的电路称为＿＿＿＿＿＿＿＿编码器。将十进制数编成二进制代码的电路称为＿＿＿＿＿＿＿＿编码器，也称为＿＿＿＿＿＿＿＿编码器。

4. 把某种输入＿＿＿＿＿＿转换成相应＿＿＿＿＿＿的过程称为译码，能实现译码功能的电路称为译码器。

5. n 个输入代码构成完全译码器，则有＿＿＿＿个输出信号。部分译码器，则输出信号数为＿＿＿＿2^n。

6. 数码显示电路通常由________和________等部分组成，七段 LED 数码管根据连接形式有__________和__________两种。

7. 数据选择器又称____________或多路选择开关，其相当于一个多个输入的____________开关，它是在__________作用下，能从多路输入数据中选择其中一路并将其传送至公共端。

8. 数据分配器又称为______________或反向多路开关，其功能与______________相反，它是在____________作用下，将__________输入数据传送至__________设备的某一输出端。

9. 数据分配器实质上就是带使能端的二进制集成________________。

二、选择题

1. 8 输入端的编码器按二进制数编码时，输出端的个数是（　　）个。

A. 2　　B. 3　　C. 4　　D. 8

2. 输入 n 位二进制代码的二进制完全译码器输出端的个数为（　　）个。

A. n^2　　B. n　　C. 2^n　　D. $2n$

3. 为了使 74LS138 正常工作，使能输入端 ST_A、$\overline{ST}_B$、$\overline{ST}_C$ 的电平是（　　）。

A. 110　　B. 100　　C. 111　　D. 011

4. 一位 8421BCD 码译码器的数据输入线与译码输出线的组合是（　　）。

A. 4∶16　　B. 4∶10　　C. 1∶10　　D. 4∶1

5. 七段显示译码器是指（　　）的电路。

A. 将二进制代码转换成 0～9 个数字

B. 将 BCD 码转换成七段显示字形信号

C. 将 0～9 个数转换成 BCD 码

D. 将七段显示字形信号转换成 BCD 码

6. 一个 8 选 1 数据选择器的数据输入端有（　　）个。

A. 1　　B. 2　　C. 3　　D. 8

7. 8 路数据分配器，其地址输入端有（　　）个。

A. 1　　B. 2　　C. 3　　D. 4

8. 将一路输入数据送到多路输出指定通道上的电路是（　　）。

A. 数据分配器　　B. 数据选择器

C. 数值比较器　　D. 编码器

9. 从多路输入数据中选择一个数据输出的电路是（　　）。

A. 数据分配器　　B. 数据选择器

C. 数值比较器　　D. 编码器

三、判断题

1. 编码与译码是互逆的过程。（　　）

2. 译码器输出的是数字。（　　）

3. 编码器能将特定的输入信号变为二进制代码，而译码器能将二进制代码变为特定含义的输出信号，所以编码器与译码器的使用是可逆的。（　　）

4. 数据选择器和数据分配器的功能正好相反，互为逆过程。（　　）

5. 用数据选择器可实现时序逻辑电路。（　　）

6. 数据选择器根据地址码的不同从多路输入数据中选择其中一路数据输出。（　　）

四、综合分析题

1. 试用 3 线－8 线译码器 74LS138 和门电路实现逻辑函数 Y＝AB＋AC＋BC。

2. 试用 8 选 1 数据选择器 74LS151 实现逻辑函数 Y＝AB＋AC＋BC。

§8—4　时序逻辑电路

一、填空题

1. 时序逻辑电路的输出状态不仅与____________有关，还与电路________有关，在输入信号消失后，能_______该信号对电路的影响。

2. 常用触发器按逻辑功能分为________触发器、________触发器、______触发器和______触发器。

3. RS 触发器结构最为简单，它是构成各种复杂结构触发器的________。

4. 通常规定触发器 Q 端的状态为触发器状态，如 Q=0、$\overline{Q}$=1 时称为触发器______态，Q=1、$\overline{Q}$=0 时称为触发器______态。

5. 基本 RS 触发器中 $\overline{R}$ 端、$\overline{S}$ 端为______电平触发。$\overline{R}$ 端触发时，触发器状态为______态，因此 $\overline{R}$ 端称为______端，或______端；$\overline{S}$ 端触发时，触发器状态为______态，因此 $\overline{S}$ 端称为______端，或______端。$\overline{R}$ 和 $\overline{S}$ 不能同时为______。

6. JK 触发器的逻辑功能为______、______、______和______。

7. 将 JK 触发器的两个输入端接在一起，就构成了______触发器，其逻辑功能为______和______。

8. 寄存器分为__________和__________。

9. 移位寄存器除了具有________功能，还具有__________功能。

10. 计数器是数字系统中应用最广泛的时序逻辑部件，除了用于计数外，还可用于______、______。

11. 计数器按计数的功能不同可分为________、________和________。

12. 根据工作状态的不同，计数器可分为______计数器和______计数器两种。

二、选择题

1. 以下表述正确的是（　　）。
   A. 组合逻辑电路和时序逻辑电路都具有记忆功能
   B. 组合逻辑电路和时序逻辑电路都没有记忆功能
   C. 组合逻辑电路有记忆功能，而时序逻辑电路没有记忆功能
   D. 组合逻辑电路没有记忆功能，而时序逻辑电路有记忆功能

2. 存储 8 位二进制信息要（　　）个触发器。
   A. 2　　B. 3　　C. 4　　D. 8

3. 功能最为齐全、通用性强的触发器为（　　）。
   A. RS 触发器　　B. JK 触发器
   C. T 触发器　　D. D 触发器

4. JK 触发器在 CP 作用下，若状态必须发生翻转，则应使（　　）。
   A. J=K=0　　B. J=K=1
   C. J=0，K=1　　D. J=1，K=0

5. 对于 D 触发器，若使 $Q^{n+1}=Q^n$，应使输入 D=（　　）。
   A. 0　　B. 1　　C. Q　　D. $\overline{Q}$

6. 要能存放数码，应选用（　　）。
   A. 编码器　　B. 译码器　　C. 寄存器　　D. 计数器

7. *N* 个触发器构成能寄存（　　）位二进制数码的寄存器。

A. $N-1$ B. N C. $N+1$ D. $2N$

8. 构成计数器的基本电路是（ ）。

A. 与门 B. 或门 C. 非门 D. 触发器

9. 同步二进制计数器的输入计数脉冲 CP 作用在（ ）。

A. 各触发器的时钟端 B. 最低位触发器的时钟端

C. 最高位触发器的时钟端 D. 任意位触发器的时钟端

10. 一位 8421BCD 码计数器，至少需要（ ）个触发器。

A. 3 B. 4 C. 5 D. 10

三、判断题

1. 触发器进行复位后，其两个输出端均为 0。（ ）
2. 触发器与组合电路两者都没有记忆能力。（ ）
3. 基本 RS 触发器可由两个与非门交叉耦合构成，也可由两个或非门交叉耦合构成。（ ）
4. Q^{n+1}表示触发器原来所处的状态，即现态。（ ）
5. 时序逻辑电路必包含触发器。（ ）
6. 基本 RS 触发器 $\overline{R}=1$，$\overline{S}=1$，可认为输入端悬空，没有加入输入信号，此时具有记忆功能。（ ）
7. 用 JK 触发器可构成多种类型的触发器。（ ）
8. 数码寄存器可长期存放数据。（ ）
9. 在异步计数器中，当时钟脉冲到达时，各触发器的翻转是同时发生的。（ ）
10. 可逆计数器既能做加法计数，又能做减法计数。（ ）

四、综合分析题

1. 与非门组成的基本 RS 触发器，当 $\overline{R}_D$ 和 $\overline{S}_D$ 端为图 8—3 所示波形时，试分别画出 Q 的波形，设触发器的初态为 0。

$\overline{R}_D$ $\overline{S}_D$ a） $\overline{R}_D$ $\overline{S}_D$ b）

图 8—3

2. 若边沿 JK 触发器的时钟脉冲 CP 及输入端 J、K 的波形如图 8—4 所示，试画出输出 Q 端对应的波形。(设触发器的初态为 $Q^n=0$)

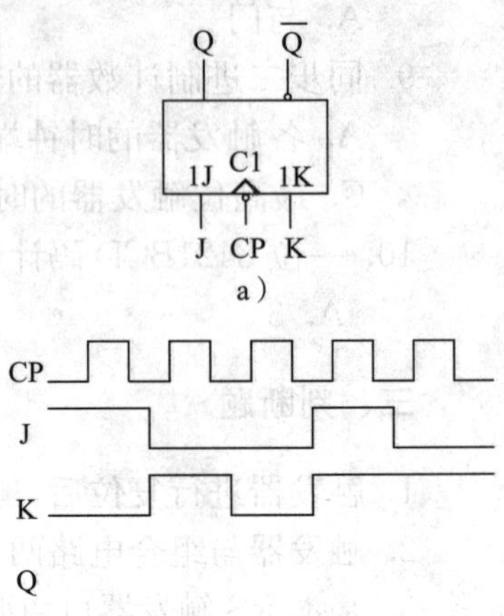

b)

图 8—4

§8—5　555 时基电路

一、填空题

1. 555 时基电路是一种将__________和__________巧妙结合在一起的中规模集成电路，因其常在波形产生和变换等应用电路中起________作用，故称为________________，或称为______________。

2. 图 8—5 所示是 555 时基电路的引脚排列，请对照图 8—5 填空。

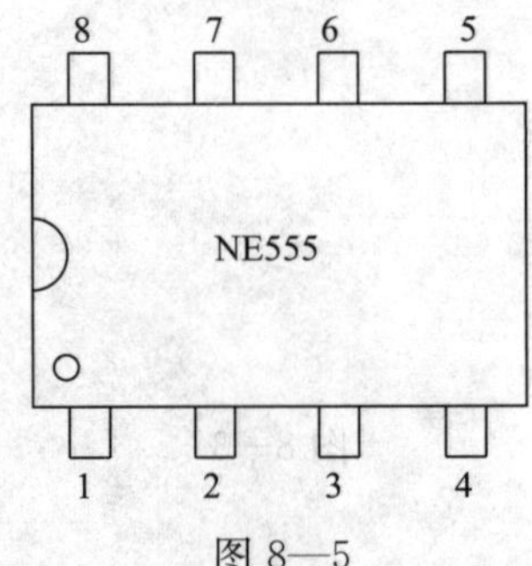

图 8—5

1 脚为______端；2 脚为________端；3 脚为______端；4 脚为__________端；
5 脚为______端；6 脚为________端；7 脚为______端；8 脚为__________端。

3. 多谐振荡器在工作过程中没有________状态，只有两个______态。不需外加触发脉冲就可以自动输出一定频率的________脉冲，常用作脉冲信号源。

二、选择题

1. 555 时基电路的引出管脚⑥是（　　）。

A. 控制电压端　　B. 低电平触发端

C. 高电平触发端　　D. 直接复位端

2. 多谐振荡器可产生（　　）。

A. 正弦波　　B. 矩形脉冲

C. 三角波　　D. 锯齿波

3. 下列电路中不能由 555 时基电路构成的是（　　）。

A. 多谐振荡器　　B. 单稳态触发器

C. 计数器　　D. 分频器

三、简答题

555 时基电路的各部分功能是什么？

四、综合分析题

图 8—6 所示为相片曝光定时电路，工作原理可简述如下：

按一下 AN，C1 ____（充/放）电，555 输出 ____（高/低）电平，继电器 J ______（吸合/释放），灯 L ____（亮/灭）。到达预定时间，即 $U_{C1} \geqslant$ ____时，555 输出变为 ______（高/低）电平，继电器 J ____（吸合/释放），灯 L ____（亮/灭）。

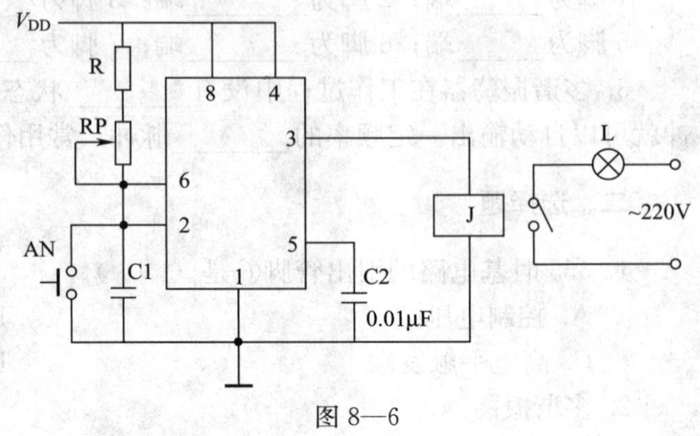

图 8—6

§8—6 数/模转换和模/数转换

一、填空题

1. 从__________到__________的转换称为数/模转换，简称______。实现数/模转换的电路称为________，简称____。

2. 从__________到__________的转换称为模/数转换，简称______。实现模/数转换的电路称为________，简称____。

3. 在 D/A 转换过程中，实际上是控制_________进行____，从而得到与输入数字量成____的模拟量。

4. A/D 转换一般要经过________、________、________和________4 个环节。

5. AD7520D/A 转换器是一种_________D/A 转换器，具有_________、_________、_________、_________及噪声低等优点。

6. ADC0809 是__________A/D 转换器，为 28 个引脚_____________式。它有____个通道的模拟量输入，可在程序控制下对任意通道分别进行 A/D 转换。

二、选择题

1. 数/模转换器简称（　　）。

A. A/D　　B. D/A　　C. ADC　　D. DAC

2. 模/数转换简称（　　）。

A. A/D　　B. D/A　　C. ADC　　D. DAC

3. 下列集成电路中，数/模转换器是（　　）。

A. NE555　　B. 74LS42　　C. AD7520　　D. ADC0809

4. 下列集成电路中，模/数转换器是（　　）。

A. NE555　　B. 74LS42　　C. AD7520　　D. ADC0809

三、简答题

简述 A/D 转换的 4 个环节及其原理。